Kuldeep Kumar
R. K. Panwar

Perspectivas do melhoramento das culturas

Kuldeep Kumar
R. K. Panwar

Perspectivas do melhoramento das culturas

ScienciaScripts

Imprint

Cover image: www.ingimage.com

This book is a translation from the original published under ISBN 978-620-7-84212-4.

Publisher:
Sciencia Scripts
is a trademark of
Dodo Books Indian Ocean Ltd. and OmniScriptum S.R.L publishing group

120 High Road, East Finchley, London, N2 9ED, United Kingdom
Str. Armeneasca 28/1, office 1, Chisinau MD-2012, Republic of Moldova, Europe
Printed at: see last page
ISBN: 978-620-7-90874-5

Perspectivas do melhoramento das culturas

Dr. Kuldeep Kumar

Doutoramento

Departamento de Genética e Melhoramento de Plantas

G. B. Pant University of Agriculture & Technology Pantnagar U. S. Nagar - 263145 Uttarakhand, Índia

Dr. R. K. Panwar

Professor e Diretor

Departamento de Genética e Melhoramento de Plantas

G. B. Pant University of Agriculture & Technology Pantnagar U. S. Nagar - 263145 Uttarakhand, Índia

Dedicado a

O meu

Pais

Sh. Mahendra Chaudhary

Sra. Kamalesh Chaudhary

Mulher

Sra. Preeti Chaudhary

Filho

Sr. Kulpreet Chaudhary

Sobrinha

Sra. Isha Chaudhary

Sobrinho

Sr. Abhinav Chaudhary

Prefácio

O melhoramento das culturas é o principal ramo da ciência das plantas/criação de plantas e desempenha um papel importante no melhoramento das plantas cultivadas em relação à sua utilização económica para a humanidade. O melhoramento de culturas é oferecido como disciplina a nível de UG e PG em todas as universidades e escolas agrícolas indianas. O principal objetivo de escrever este livro "Crop Improvement-I (Kharif)" é ajudar os estudantes nacionais e internacionais. As principais características deste livro são apresentadas a seguir:

1. Abrange o programa de diferentes sectores da agricultura, como a licenciatura, a pós-graduação, o exame dos serviços de investigação agrícola e o teste nacional de elegibilidade realizado pelo Conselho Indiano de Investigação Agrícola, Nova Deli.

2. A linguagem é simples e facilmente compreensível.

3. Foram indicadas as principais referências.

Espero que este livro seja útil para os estudantes, professores e investigadores no domínio do melhoramento de plantas.

Agradeço aos meus respeitados professores Dr. R.K. Panwar (Diretor do Departamento), Dr. N.K. Singh e Dr. M.K. Karnwal, Professores, Departamento de Genética e Melhoramento de Plantas, Faculdade de Agricultura, G.B. Pant University of Agriculture & Technology, Pantnagar Uttarakhand.

Aconselhamento e sugestões para melhorar ainda mais este livro serão muito apreciados.

KULDEEP KUMAR

Índice

Capítulo n.º: 01

Centros de origem das plantas cultivadas

O conhecimento da origem das plantas cultivadas é atualmente fundamental para o melhoramento vegetal, a fim de localizar parentes selvagens, espécies aparentadas e novos genes (especialmente genes dominantes, fontes de resistência a doenças). O conhecimento da origem das plantas cultivadas é de importância vital para evitar a erosão genética, a perda de germoplasma devido à perda de ecotipos e variedades autóctones, a perda de habitat (como as florestas tropicais) e o aumento da urbanização. A preservação do germoplasma é conseguida através de bancos de genes (em grande parte colecções de sementes, mas agora secções de troncos congelados) e da preservação de habitats naturais (especialmente nos centros de origem).

CENTROS DE DIVERSIDADE VAVILOVIANOS:

N.I. Vavilov (1926,1951), um geneticista e melhorista de plantas russo, foi o homem pioneiro que percebeu a importância da diversidade genética para o melhoramento das culturas. Com base nos seus estudos de exploração e recolha globais, Vavilov propôs oito centros principais e três centros subsidiários de diversidade.

O conceito de centros de origem foi dado por N.I. Vavilov em 1926. Ele identificou oito centros principais e três sub-centros de diversidade. **Propôs a Lei da Variação Paralela.**

Lei da variação paralela: O conceito de variação paralela ou **lei das séries homólogas de variação foi desenvolvido por N.I. Vavilov. (1951) com base no seu estudo da diversidade de culturas e centros de origem. A lei das séries homólogas de variação** afirma que uma determinada variação observada numa espécie de cultura também deverá estar disponível noutra espécie relacionada. Vavilov também utilizou o princípio das séries homólogas de variação como uma pista para descobrir caracteres semelhantes em espécies relacionadas.

Os Oito Centros Vavilovianos: Velho *Mundo*

I.**Centro Chinês**: O maior centro independente que inclui as regiões montanhosas da China central e ocidental, e as terras baixas adjacentes. São enumeradas 136 plantas endémicas, entre as quais algumas conhecidas como culturas importantes.

Milho painço, *Panicum miliaceum, painço* italiano, *Panicum italicum,* painço japonês, *Panicum frumentaceum,* Kaoliang, *Andropogon sorghum,* Trigo mourisco, *Fagopyrum esculentum,* Cevada sem casca, *Hordeum hexastichum,* Soja, *Glycine max,* Feijão adzuki, *Phaseolus angularis.*

Inhame chinês, *Dioscorea batatas,* Rabanete, *Raphanus sativus,* Couve chinesa, *Brassica chinensis, B. pekinensis,* Cebola, *Allium chinense, A. fistulosum, A. pekinense,* Pepino,

Cucumis sativus, Pera, *Pyrus serotina, P. ussuriensis, Maçã* chinesa, *Malus asiatica,* Pêssego, *Prunus, persica,* Damasco, *Prunus armeniaca,* Cereja, *Prunus pseudocerasus,* Noz, *Juglans sinensis,* Litchi, *Litchi chinensis,* Plantas produtoras de açúcar, drogas e fibras, Cana-de-açúcar, *Saccharum sinense, Papoila* dormideira, *Papaver somniferum,* Ginseng, *Panax ginseng,* Cânfora, *Cinnamomum camphora,* Cânhamo, *Cannabis sativa.*

II. Centro Indiano: Arroz, *Oryza sativa,* Grão-de-bico ou grama, *Cicer arietinum,* Ervilha-de-pombo, *Cajanus indicus,* Feijão-verde, *Phaseolus mungo* Feijão-mungo, *Phaseolus aureus,* Feijão-arroz, *Phaseolus calcaratus,* Feijão-caupi, *Vigna sinensis,* Legumes e tubérculos, Beringela, *Solanum melongena,* Pepino, *Cucumis sativus,* Rabanete, *Raphanus caudatus* (vagens comestíveis), Taro, *Colocasia antiquorum,* Inhame, *Dioscorea alata,* Manga, *Mangifera indica,* Laranja, *Citrus sinensis,* Tangerina, Citrus *nobilis, Cidra, Citrus medica,* Tamarindo, *Tamarindus indica,* Plantas produtoras de açúcar, óleo e fibras, Cana-de-açúcar, *Saccharum officinarum,* Coqueiro, *Cocos nucifera,* Sésamo, *Sesamum indicum, Cártamo, Carthamus tinctorius,* Algodão arbóreo, *Gossypium arboreum,* Algodão oriental, *Gossypium nanking,* Juta, *Corchorus capsularis,* Crotalaria, *Crotalaria juncea,* Kenaf, *Hibiscus cannabinus,* Estimulantes, Corantes e Diversos, Cânhamo, *Cannabis indica,* Pimenta preta, *Piper nigrum,* Goma-arábica, *Acacia arabica,* Sândalo, *Santalum album,* Índigo, *Indigofera tinctoria,* Canela, *Cinnamomum zeylanticum, Cróton, Croton tiglium,* Bambu, *Bambusa tulda*

III. Centro Indo-Malaio: Inclui a Indo-China e o Arquipélago Malaio. Foram listadas cinquenta e cinco plantas, incluindo: Cereais e Leguminosas, Lágrimas de Job, *Coix lacryma,* Feijão de veludo, *Mucuna utilis,* Pummelo, *Citrus grandis,* Banana, *Musa cavendishii, M. paradisiaca, H. sapientum,* Fruta-pão, *Artocarpus communis, Mangostão, Garcinia mangostana,* Plantas oleaginosas, açucareiras, condimentares e fibrosas: Alfazema, *Aleurites moluccana,* Coqueiro, *Cocos nucifera,* Cana-de-açúcar, *Saccharum officinarum, Cravinho, Caryophyllus aromaticus,* Noz-moscada, *Myristaca fragrans* Pimenta preta, *Piper nigrum,* Cânhamo de Manila ou abacá, *Musa textilis.*

IV. Centro da Ásia Central: Inclui o Noroeste da Índia (Punjab, Províncias Fronteiriças do Noroeste e Caxemira), Afeganistão, Tadjiquistão, Uzbequistão e Tian-Shan ocidental. Quarenta e três plantas estão listadas para este centro, incluindo muitos trigos, *Trigo* comum, *Triticum vulgare, Trigo de* clube, *Triticum compactum,* Shot, trigo, *Triticum sphaerocoecum,* Ervilha, *Pisum sativum,* Lentilha, *Lens esculenta, Fava, Vicia faba,* Grão-de-bico, *Cicer arientinum,* Feijão-mungo, *Phaseolus aureus,* Linho, *Linum usitatissimum* (um dos centros) Sésamo, *Sesamum indicum,* Plantas fibrosas: Cânhamo, *Cannabis indica,* Algodão, *Gossypium herbaceum,* Cebola, Allium *cepa,* Alho, *Allium sativum,* Espinafres, *Spinacia oleracea,* Cenoura, *Daucus carota*, Pistácia, *Pistacia vera,* Pera, *Pyrus communis,* Amêndoa, *Amygdalus communis,* Uva, *Vitis vinifera*, Maçã, *Malus pumila.*

V. Centro do Próximo Oriente: Inclui o interior da Ásia Menor, toda a Transcaucásia, o Irão e as terras altas do Turquemenistão. Oitenta e três espécies, incluindo nove espécies de trigo, foram localizadas nesta região, Grãos e Leguminosas.

Trigo einkorn, *Triticum monococcum* (14 cromossomas), trigo duro, *Triticum durum* (28 cromossomas), trigo Poulard, *Triticum turgidum* (28 cromossomas), trigo mole, *Triticum vulgare* (42 cromossomas), trigo oriental *Triticum orientale*, Trigo persa, *Triticum persicum (28 cromossomas)*, Triticum *timopheevi* (28 cromossomas), *Triticum macha* (42 cromossomas), *Triticum vavilovianum*, ramificado (42 cromossomas), Cevadas de duas linhas, *Hordeum distichum, H. nutans*, Centeio, *Secale cereal*, *Aveia* mediterrânica, *Avena byzantina*, *Aveia* comum, *Avena sativa*, Lentilha, *Lens esculenta*, Tremoço, *Lupinus pilosus, L. albus*, Alfafa, *Medicago sativa*, Trevo-persa, *Trifolium resupinatum*, Feno-grego, *Trigonella foenum graecum*, Ervilhaca, *Vicia sativa*, Ervilhaca peluda, *Vicia villosa, Figo*, *Ficus carica,* Romã, *Punica granatum,* Maçã, *Malus pumilo* (um dos centros), Pera, *Pyrus communis* e outras, Marmelo, *Cydonia oblonga,* Cereja, *Prunus cerasus,* Espinheiro, *Crataegus azarolus.*

Centro VLMediterrâneo: Inclui as fronteiras do Mar Mediterrâneo. Oitenta e quatro plantas são listadas para esta região, incluindo oliveiras e muitos vegetais cultivados e forragens. Cereais e leguminosas, Trigo duro, *Triticum durum expansum,* Emmer, *Triticum dicoccum* (um dos centros), *Trigo polaco*, *Triticum polonicum, Espelta*, *Triticum spelta, Aveia* mediterrânica, *Avena byzantine, Aveia* de areia, *Avena brevis, Erva* canária, *Phalaris canariensis,* Ervilha, *Lathyrus sativus*, Ervilha, *Pisum sativum* (variedades com sementes grandes), Tremoço, *Lupinus albus,* e outras Plantas forrageiras, Trevo egípcio, *Trifolium alexandrinum*, Trevo branco, *Trifolium repens*, Trevo carmesim, *Trifolium incarnatum.*

VII. Centro Abissínio: Inclui a Abissínia, a Eritreia e parte da Somalilândia. Neste centro foram registadas 38 espécies. Rico em trigo e cevada. Grãos e Leguminosas, *Trigo* duro da Abissínia, *Triticum durum abyssinicum*, Trigo de Poulard, *Triticum turgidum abyssinicum, Trigo de* Emmer, *Triticum dicoccum abyssinicum*, Trigo *polaco*, *Triticum polonicum abyssinicum*, Cevada, *Hordeum sativum* (grande diversidade de formas), Sorgo de grão, *Andropogon sorghum*, Milho-miúdo, *Pennisetum spicatum,* Milho-miúdo africano, *Eleusine coracana,* Feijão-frade, *Vigna sinensis, Linho*, *Linum usitatissimum,* Diversos, Sésamo, *Sesamum indicum* (centro básico), Rícino, *Ricinus communis* (centro), Agrião de jardim, *Lepidium sativum*, Café, *Coffea Arabica*, Quiabo, *Hibiscus esculentus*

VIII. Sul do México e América Central Central: Inclui as secções meridionais do México, Guatemala, Honduras e Costa Rica. Grãos e Leguminosas, Milho, *Zea mays*, Feijão-comum, *Phaseolus vulgaris*, Feijão-de-lima, *Phaseolus lunatus*, Feijão-da-índia, *Phaseolus acutifolius*, Feijão-da-índia, *Canavalia ensiformis*, *Amaranto* de grão, *Amaranthus paniculatus leucocarpus*, Plantas de melão, cabaça de Malabar, *Cucurbita ficifolia*, abóbora de inverno, *Cucurbita moshata*, algodão de terras altas, *Gossypium hirsutum*, algodão de Bourbon, *Gossypium purpurascens*, chuchu, *Sechium edule*, diversos, batata-doce, *Ipomea batatas.*

Centro Sul-americano: (62 plantas listadas) Existem três subcentros.

Centro peruano, equatoriano e boliviano: Compreende principalmente as áreas de alta montanha, anteriormente o centro da civilização Megalítica ou Pré-Inca. As plantas endémicas dos distritos de alta elevação de Puna e Sierra incluem: Batata andina, *Solanum andigenum* (96 cromossomas) Outras espécies endémicas de batata cultivada. Catorze ou mais espécies com números de cromossomas que variam de 24 a 60. Comestíveis Regiões costeiras do Peru e regiões subtropicais e tropicais não irrigadas do Equador, Peru e Bolívia incluídas: Grãos e leguminosas, Milho amiláceo, *Zea mays amylacea*, Feijão-lima, *Phaseolus lunatus* (centro secundário), Feijão comum, *Phaseolus vulgaris* (centro secundário) Tubérculos de raiz, Canna comestível, *Canna edulis*, Batata, *Solanum phureja* (24 cromossomas) Culturas hortícolas, Pepino, *Solanum muricatum,* Tomate, *Lycopersicum esculentum.*

Centro de Chiloé (ilha perto da costa do sul do Chile): Batata comum, *Solanum tubersum* (48 cromossomas) Morango silvestre, *Fragaria chiloensis.*

Centro Brasileiro-Paraguaio: Mandioca, *Manihot utilissima,* Amendoim, *Arachis hypogaea,* Seringueira, *Hevea brasiliensis,* Abacaxi, *Ananas comosa,* Castanha do Brasil, *Bertholletia excels,* Caju, *Anacardium occidentale,* Granadilha roxa, *Passiflora edulis.*

Microcentros: Pequenas áreas dentro dos centros de diversidade exibem uma enorme diversidade genética de algumas plantas cultivadas. Estas áreas são designadas por microcentros. Os microcentros são uma fonte importante de recolha de formas vegetais valiosas e também para o estudo da evolução das espécies cultivadas.

Capítulo n.º: 02

Recursos fitogenéticos, sua utilização e conservação

Introdução: A soma total dos genes de uma espécie de cultura é designada por recursos genéticos. Ou pool genético refere-se a toda uma biblioteca de diferentes alelos de uma espécie. Ou Germoplasma pode ser definido como a soma total do material hereditário, ou seja, todos os alelos de vários genes presentes numa espécie de cultura e nos seus parentes selvagens. É também conhecido como património genético ou stock genético ou germoplasma ou recursos genéticos. O germoplasma ou património genético é o material de base com o qual o obtentor de plantas deve iniciar o seu programa de melhoramento. As características importantes dos recursos genéticos vegetais são O património genético representa toda a variabilidade ou diversidade genética disponível numa espécie de cultura. O germoplasma é constituído por raças autóctones, cultivares modernas, cultivares obsoletas, materiais de reprodução, formas selvagens e espécies selvagens de culturas cultivadas. O germoplasma inclui espécies cultivadas e selvagens ou parentes de plantas cultivadas. O germoplasma é recolhido nos centros de diversidade, bancos de genes, santuários de genes, campos de agricultores, mercados e empresas de sementes. O germoplasma é o material de base para o lançamento de um programa de melhoramento de culturas. O germoplasma pode ser autóctone (colhido no país) ou exótico (colhido em países estrangeiros).

Objectivos dos Recursos Genéticos Vegetais: Prevenir a erosão genética através da Conservação de Colecções, Estudo da documentação e Utilização. A Convenção sobre a Diversidade Biológica (CDB) define recursos genéticos como material genético de valor efetivo ou potencial. O termo "material genético" designa qualquer material de origem vegetal, animal, microbiana ou outra que contenha unidades funcionais de hereditariedade. O valor de quaisquer unidades funcionais de hereditariedade pode ser captado em duas dimensões: a estrutura genética per se pode ser utilizada; ou a informação encapsulada na sequência de nucleótidos do material genético pode ser lida. A FAO (1989) utilizou o termo para designar qualquer valor económico, científico ou social dos materiais hereditários contidos nas espécies vegetais e entre elas. De acordo com o IPGRI (1993), os PGR incluem as seguintes categorias de plantas:

Variedades cultivadas (cultivares) atualmente utilizadas.

Variedades recentemente desenvolvidas.

Cultivares obsoletas.

Cultivares primitivas (raças terrestres).

Parentes selvagens e infestantes de variedades cultivadas e stocks genéticos especiais (incluindo linhagem de elite e atual de reprodutores e mutantes).

Tipos de Germoplasma: O germoplasma consiste em vários materiais vegetais de uma cultura, tais como raças terrestres, avançados (homozigotos), materiais de reprodução, cultivares obsoletos, formas selvagens de espécies cultivadas, cultivares modernos, parentes selvagens, mutantes. Estes são brevemente discutidos a seguir:

Raças autóctones Estas não são mais do que cultivares primitivas que foram seleccionadas e cultivadas pelos agricultores durante muitas gerações sem esforços sistemáticos de melhoramento vegetal. As raças autóctones não foram criadas deliberadamente como as cultivares modernas. Desenvolveram-se no âmbito da agricultura de subsistência. As raças autóctones têm um elevado nível de diversidade genética, o que lhes confere um elevado grau de resistência aos stresses bióticos e abióticos. As raças autóctones têm uma ampla base genética que, mais uma vez, lhes confere uma maior capacidade de adoção. Os principais inconvenientes das raças autóctones são o facto de serem menos uniformes e de produzirem pouco. As raças autóctones foram recolhidas e estudadas pela primeira vez por N.I. Vavilor no sector do arroz.

Cultivares obsoletas: Estas são as variedades desenvolvidas por um esforço sistemático de melhoramento que eram populares anteriormente e que agora foram substituídas por novas variedades. As variedades melhoradas do passado recente são conhecidas como cultivares obsoletas. As variedades obsoletas têm vários caracteres desejáveis e constituem uma parte importante do património genético. São bons recursos genéticos e têm sido amplamente utilizadas nos programas de melhoramento do trigo para melhorar a qualidade do grão. Atualmente, estas variedades antigas encontram-se apenas no património genético.

Cultivares modernas: As variedades de alto rendimento atualmente cultivadas são designadas por cultivares modernas. São também conhecidas como cultivares melhoradas ou cultivares avançadas. Estas variedades têm um elevado potencial de rendimento e uniformidade em comparação com as variedades obsoletas e constituem uma parte importante das colecções de trabalho e são amplamente utilizadas como pais nos programas de melhoramento.

Linhas avançadas de reprodução: Trata-se de plantas pré-lançadas que foram desenvolvidas por criadores de plantas em programas científicos modernos de melhoramento. Este grupo inclui linhas quase homozigóticas, linhas derivadas de programas biotecnológicos, ou seja, plantas transgénicas e linhas mutantes, etc.

Formas selvagens de espécies cultivadas: As formas selvagens de espécies cultivadas estão disponíveis em muitas plantas cultivadas. Essas plantas têm geralmente um elevado grau de resistência a stresses bióticos e abióticos e são utilizadas em programas de melhoramento.

Parentes silvestres: As espécies de plantas que ocorrem naturalmente e que têm ascendência comum com as culturas e podem cruzar-se com espécies de culturas são referidas como parentes selvagens ou espécies selvagens. Os parentes selvagens incluem todas as outras espécies que estão relacionadas com as espécies cultivadas por descendência durante a sua evolução.

Mutantes: A reprodução por mutação é utilizada quando o carácter desejado não se encontra nos stocks genéticos das espécies cultivadas e dos seus parentes selvagens. As mutações ocorrem na natureza e podem ser induzidas através do uso de mutagénicos físicos e químicos.

O sistema de classificação do património genético. O património genético de uma cultura inclui todas as cultivares, espécies selvagens e parentes selvagens que contêm todos os genes disponíveis para utilização na reprodução.

Com base no grau de relação, o património genético das culturas pode ser dividido em três grupos (Harland e Dewet, 1971), a *saber, património genético* primário, património genético secundário e património genético terciário.

Estes são brevemente discutidos de seguida:

1. **Pool genético primário (GP1)** : Também conhecido como pool genético um (GP1). O pool genético em que a interação é fácil e leva à produção de híbridos férteis é conhecido como pool genético primário. Inclui plantas da mesma espécie ou de espécies estreitamente relacionadas que produzem descendência completamente fértil ao cruzar. Neste património genético, os genes podem ser trocados entre linhas simplesmente através de cruzamentos normais. Este é o material de primeira importância para a reprodução.

2) Pool genético secundário (GP2): Este tipo de pool genético é também conhecido como pool genético dois (GP2). O material genético que conduz à fertilidade parcial no cruzamento com o GP1 é referido como património genético secundário. Inclui plantas que pertencem a espécies relacionadas. Este material pode ser cruzado com o pool genético primário, mas geralmente os híbridos são estéreis e alguns dos descendentes são, em certa medida, férteis. A transferência de genes deste tipo de material para o património genético primário é possível mas difícil.

3) Pool genético terciário (GP3): O material genético que conduz à produção de híbridos estéreis aquando do cruzamento com o pool genético primário é designado por pool genético terciário ou pool genético três (GP3). Inclui material que pode ser cruzado com GP1, mas os híbridos são estéreis. A transferência de genes deste material para o património genético primário é possível com a ajuda de técnicas especiais.

Tipos de colecções de sementesCom base na utilização e duração da conservação, as colecções de sementes são de três tipos: colecções de base, colecções activas e colecções de trabalho.

1. **Colecções de base:** É também conhecida como coleção principal. São constituídas por todos os acessos presentes no germoplasma de uma cultura. São armazenadas a cerca de -18C ou -20C com um teor de humidade de 5 + 1%; são perturbadas apenas para regeneração. Quando a germinação de um acesso desce abaixo, normalmente, de 95% da sua germinação no início do armazenamento, o acesso é regenerado. Por razões de segurança, os duplicados das colecções de base devem ser conservados também noutros bancos de germoplasma. As sementes ortodoxas de alta qualidade podem manter uma boa viabilidade até 100 anos.

2. **Colecções activas** : Os acessos de uma coleção ativa são armazenados a temperaturas inferiores a 15°C (frequentemente perto de 0°C), e a humidade das sementes é mantida a 5%. O armazenamento tem uma duração média, ou seja, 1015 anos. Estas colecções são ativamente utilizadas no programa de melhoramento. Estas colecções são utilizadas para avaliação, multiplicação e distribuição dos acessos. Normalmente, são mantidas através da multiplicação das sementes dos seus próprios acessos. Mas, de tempos a tempos, deve ser utilizado material de coleção de base para a regeneração destas colecções. O teste de germinação é efectuado após cada 5-10 anos para avaliar a redução da viabilidade das sementes.

3. **Colecções de trabalho** : Os acessos que estão a ser ativamente utilizados em programas de melhoramento de culturas constituem colecções de trabalho. As suas sementes são armazenadas durante 3-5 anos a menos de 15C e contêm geralmente cerca de 10% de humidade. Estas colecções são mantidas pelos obtentores que as utilizam.

Actividades de germoplasma:

Há seis actividades importantes relacionadas com os recursos fitogenéticos.

Exploração: A exploração refere-se a viagens de recolha e a recolha refere-se à recolha da diversidade genética de várias fontes e à sua montagem num único local. A exploração e a recolha são um processo altamente científico. Este processo tem em conta seis pontos importantes, *a saber:* (1) fontes de recolha, (2) prioridade da recolha, (3) organismos de recolha, (4) métodos de recolha, (5) métodos de amostragem e (6) dimensão da amostra.

Méritos e deméritos: Há vários méritos e deméritos na exploração e recolha de germoplasma, alguns dos quais são discutidos a seguir:

Méritos: A recolha ajuda a explorar a diversidade genética das culturas e a reuni-la num único local. Reduz a perda de diversidade genética devido à erosão genética. Por vezes, obtemos material de especial interesse durante as viagens de exploração. A coleção também ajuda a salvar certos genótipos da extinção.

Desvantagens: A recolha de germoplasma, especialmente de outros países, conduz por vezes à entrada de novas doenças, novos insectos e novas ervas daninhas.

A recolha é um trabalho fastidioso. Por vezes, o coletor encontra-se com animais selvagens como elefantes, tigres, etc.

O transporte de grandes colecções também coloca dificuldades na exploração e recolha.

2. Conservação de germoplasma: A conservação refere-se à proteção da diversidade genética das plantas cultivadas contra a erosão genética. Existem dois métodos importantes de conservação ou preservação de germoplasma. ou A conservação de germoplasma consiste em manter o germoplasma recolhido num estado em que o risco de perda seja mínimo e em que possa ser plantado diretamente no campo ou preparado para plantação com relativa facilidade, sempre que necessário. Existem dois métodos importantes de conservação ou preservação de germoplasma: 1. conservação in situ 2. Conservação ex situ.

1. Conservação in situ: A conservação de germoplasma em habitat natural é designada por conservação in situ. Isto é conseguido protegendo esta área da interferência humana: uma área deste tipo é frequentemente designada por parque natural, reserva da biosfera ou santuário genético. A melhor localização para um santuário genético é no centro de origem das espécies de culturas em causa, de preferência abrangendo o microcentro no centro de origem. O NBPGR, em Nova Deli, está a tentar estabelecer santuários de genes em Meghalaya para os citrinos e na região nordeste para *Musa, Citrus, Oryza, Saccharum* e *Megifera.*

Méritos: Os santuários de genes oferecem as duas vantagens seguintes. Um santuário de genes não só conserva a diversidade genética existente na população, como também permite que a evolução continue. Como resultado, novos alelos e novas combinações de genes aparecerão com o tempo.

Desvantagens: Cada área protegida cobrirá apenas uma parte muito pequena da diversidade total de uma espécie de cultura, pelo que terão de ser conservadas várias áreas para uma única espécie. A gestão destas zonas coloca igualmente vários problemas, dado tratar-se de um método dispendioso de conservação de germoplasma.

Os riscos associados à conservação ex situ não são operativos.

2. Conservação ex situ: A conservação de germoplasma fora do seu habitat natural é designada por conservação ex situ de germoplasma. Este método apresenta as três vantagens seguintes. É possível conservar toda a diversidade genética de uma espécie de cultura num único local. O manuseamento do germoplasma também é fácil. Trata-se de um método económico de conservação de germoplasma.

A conservação sob a forma de sementes é o método mais comum e fácil, relativamente seguro, requer um espaço mínimo e é fácil de manter. São utilizados recipientes de vidro, estanho ou plástico para a conservação e armazenamento de sementes. As sementes podem ser conservadas em condições de armazenamento a longo, médio e curto prazo.

Roberts, em 1973, classificou as sementes, com base na sua capacidade de armazenamento, em dois grandes grupos*: 1.* sementes ortodoxas 2. Sementes recalcitrantes

1.Sementes ortodoxas : As sementes deste tipo podem ser secas até um teor de humidade baixo de 5% e armazenadas a uma temperatura baixa sem perderem a sua viabilidade, são conhecidas como sementes ortodoxas. A maioria das sementes de culturas pertence a esta categoria.

2) Sementes recalcitrantes: a viabilidade deste grupo de sementes diminui drasticamente se o seu teor de humidade for reduzido para menos de 12-30%. Pertencem a este grupo as sementes de muitas árvores florestais e de fruto, bem como de várias culturas tropicais como os citrinos, o cacau, o café, a borracha, a palma, a manga, a jaca, etc. Estas sementes apresentam dificuldades consideráveis de armazenamento. Requerem uma conservação *in situ.*

Avaliação: A avaliação refere-se ao rastreio do germoplasma no que diz respeito aos atributos morfológicos, genéticos, económicos, bioquímicos, fisiológicos, patológicos e entomológicos. A avaliação requer uma equipa de especialistas das disciplinas de melhoramento vegetal, fisiologia, bioquímica, patologia e entomologia. Em primeiro lugar, é preparada uma lista de descritores (caracteres) para os quais a avaliação deve ser efectuada. Esta tarefa é realizada por uma equipa de peritos do IPGRI, Roma, Itália. Os descritores estão prontos para várias culturas. A avaliação do germoplasma é efectuada em três locais diferentes, a *saber:* (1) no campo, (2) em estufa e (3) no laboratório.

Documentação: Refere-se à compilação, análise, classificação, armazenamento e divulgação de informações. No caso dos recursos fitogenéticos, a documentação significa a divulgação de informações sobre várias actividades, como a recolha, a avaliação, a conservação, o armazenamento e a recuperação de dados. Atualmente, o termo documentação é mais adequadamente conhecido como sistema de informação. A documentação é uma das actividades importantes dos recursos genéticos.

Distribuição: As linhas específicas de germoplasma são fornecidas aos utilizadores, a pedido destes, para utilização nos programas de melhoramento das culturas. A distribuição de germoplasma é da responsabilidade dos centros de bancos de genes. O germoplasma é normalmente fornecido aos trabalhadores que se dedicam à investigação de uma determinada espécie de cultura. O germoplasma pode ser utilizado de várias formas. As utilizações do germoplasma de espécies cultivadas e silvestres são brevemente discutidas de seguida:

a) Germoplasma cultivado: Pode ser utilizado de três formas principais: (1) como variedade, (2) como progenitor na hibridação e (3) como variante no património genético.

b) Germoplasma selvagem: É utilizado para transferir resistência a stresses bióticos e abióticos, maior adaptabilidade e, por vezes, qualidade como a resistência da fibra no algodão.

Organizações associadas ao germoplasma

IPGRI - Instituto Internacional de Recursos Genéticos Vegetais

NBPGR - Gabinete Nacional de Recursos Genéticos Vegetais

PAPÉIS DA GENÉTICA VEGETAL ALGUMAS UTILIZAÇÕES E RECURSOS

Para compreender a importância e os desafios actuais na conservação e utilização dos RGP, é necessário delinear alguns benefícios dos RGP. Transferência de uma caraterística genética, como um gene de resistência a pesticidas retirado de uma espécie e colocado noutra. Produção de linhas celulares recombinantes e de plantas transgénicas. Utilização de técnicas de ácido nucleico *in vitro*, incluindo ácido desoxirribonucleico (ADN) recombinante, e injeção direta de ácido nucleico em células ou organelos. Utilização de fusão de células para além da família taxonómica. Sequenciação de genes ou genomas (por exemplo, identificação de genes que codificam características úteis; fenotipagem das características de plantas, animais e microrganismos para estudos e fins ecológicos e outros; avaliação experimental de características hereditárias.

Bancos de genes: O objetivo dos bancos de genes é recolher, conservar e disponibilizar recursos genéticos. A manutenção da identidade genética dos acessos é um objetivo primordial dos bancos de genes. Os bancos de genes foram estabelecidos pela primeira vez há mais de 50 anos para conservar a diversidade de culturas ameaçadas em raças locais que estavam a ser deslocadas por novas variedades melhoradas e pela destruição de habitats naturais (Jorge *et al.* 2010). As directrizes de gestão de bancos de genes para diferentes culturas são escassas e difíceis de encontrar; a maioria é genérica. Existem diferentes tipos de bancos de genes, incluindo bancos de sementes, bancos de campo, bancos *in vitro*, bancos crio, bancos vegetativos e bancos de ADN. Em todo o mundo, os bancos de genes mantêm colecções de uma vasta gama de recursos genéticos vegetais, com o objetivo geral de conservação a longo prazo e acessibilidade do germoplasma vegetal aos criadores de plantas, investigadores e outros utilizadores.

Criopreservação: A criopreservação é uma técnica que garante a conservação segura e a longo prazo dos recursos genéticos de espécies vegetais com sementes recalcitrantes, de espécies propagadas vegetativamente e de produtos biotecnológicos, tais como embriões somáticos, linhas celulares e material geneticamente transformado. A técnica foi implementada no final do século XX e pode ser utilizada atualmente para a crioconservação de rotina, desde que sejam tomados em consideração alguns factores importantes. Os procedimentos de cultura de tecidos são normalmente necessários para multiplicar material super-resfriado através de rebentos axilares ou embriogénese somática, e foram melhorados para utilização com espécies arbóreas nos últimos anos. Além disso, a produção de espécies arbóreas transgénicas e os procedimentos de reprodução molecular exigem protocolos de criopreservação funcionais. Os três principais riscos genéticos nas colecções *ex situ* são a deriva genética, a adaptação ao cultivo e a acumulação de mutações.

Capítulo n.º: 03

BIOLOGIA FLORAL

A flor é a unidade reprodutora das angiospérmicas. Destina-se à reprodução sexual. Uma flor típica tem quatro tipos diferentes de espirais dispostas sucessivamente na extremidade inchada do pedúnculo ou pedicelo, chamado tálamo ou recetáculo. Estes são o cálice, a corola, o androceu e o gineceu. O cálice e a corola são órgãos acessórios, enquanto o androceu e o gineceu são órgãos reprodutores. Nalgumas flores, como o lírio, o cálice e a corola não são distintos e são designados por perianto. Quando uma flor tem androceu e gineceu, é bissexual. Uma flor com apenas estames ou apenas carpelos é unissexual. Quanto à simetria, a flor pode ser actinomorfa (simetria radial) ou zigomorfa (simetria bilateral). Quando uma flor pode ser dividida em duas metades radiais iguais em qualquer plano radial que passe pelo centro, diz-se que é actinomórfica, por exemplo, mostarda, *datura,* malagueta. Quando pode ser dividida em duas metades semelhantes apenas num determinado plano vertical, é zigomórfica, por exemplo, ervilha, gulmohur, feijão, *Cassia.* Uma flor é assimétrica (irregular) se não puder ser dividida em duas metades semelhantes por qualquer plano vertical que passe pelo centro, como no canário. Uma flor pode ser trímera, tetrâmera ou pentâmera quando os apêndices florais são múltiplos de 3, 4 ou 5, respetivamente. As flores com brácteas, folha reduzida que se encontra na base do pedicelo, são denominadas bracteadas e as que não têm brácteas, ebracteadas. Com base na posição do cálice, da corola e do androceu em relação ao ovário no tálamo, as flores são descritas como hipogínicas, perigínicas e epigínicas. Na flor hipoginosa, o gineceu ocupa a posição mais elevada, enquanto as outras partes se situam abaixo dele. Nestas flores, diz-se que o ovário é superior, como é o caso da mostarda, da rosa da China e do brinjal. Se o gineceu estiver situado no centro e as outras partes da flor estiverem situadas na borda do tálamo, ao mesmo nível, chama-se periginosa. O ovário é considerado inferior, por exemplo: ameixa, rosa, pêssego. Nas flores epígeas, a margem do tálamo cresce para cima, envolvendo completamente o ovário e fundindo-se com ele, as outras partes da flor surgem acima do ovário. Por isso, diz-se que o ovário é inferior, como nas flores da goiabeira e do pepino, e nos raios florais do girassol.

Partes de uma flor: Cada flor tem normalmente quatro verticilos florais, a saber, o cálice, a corola, o androceu e o gineceu. O cálice é o ramo mais exterior da flor e os seus membros são designados por sépalas. Geralmente, as sépalas são verdes, semelhantes a folhas e protegem a flor na fase de botão. O cálice pode ser gamossépalo (sépalas unidas) ou polissépalo (sépalas livres). A corola é composta por pétalas. As pétalas são geralmente de cores vivas para atrair os insectos para a polinização. Tal como o cálice, a corola também pode ser livre

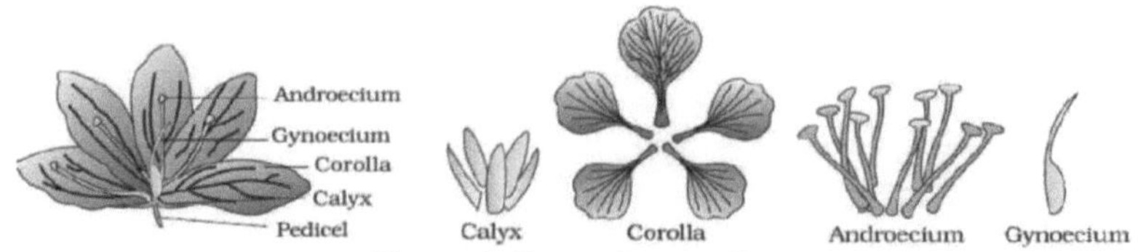

Figura 1: Partes de uma flor

(gamopétalas) ou unidas (polipétalas). A forma e a cor da corola são muito variáveis nas plantas. A corola pode ser tubular, em forma de sino, em forma de funil ou em forma de roda: O modo de disposição das sépalas ou pétalas no botão floral em relação aos outros membros do mesmo verticilo é conhecido como estivação. Os principais tipos de estivação são: valvulada, torcida; imbricada e vexilar (Figura 3). Quando as sépalas ou pétalas de um verticilo apenas se tocam na margem, sem se sobreporem, como em *Calotropis,* diz-se que é valvulado. Se uma margem do apêndice se sobrepõe à margem do apêndice seguinte e assim sucessivamente, como na rosa da china, no dedo de moça e no algodão, diz-se que é torcido.

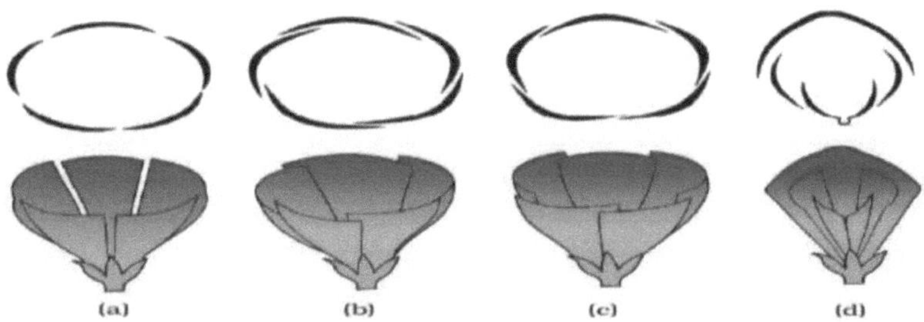

Figura 2: Tipos de estivação na corola: (a) Valvate (b) Twisted (c) Imbricate (d) Vexillary Androecium:

O androceu é composto por estames. Cada estame, que representa o órgão reprodutor masculino, é constituído por um pedúnculo ou filamento e uma antera. Cada antera é geralmente bilobada e cada lóbulo tem duas câmaras, os sacos polínicos. Os grãos de pólen são produzidos nos sacos polínicos. Um estame estéril é chamado estaminódio. Os estames da flor podem estar unidos a outros membros, como as pétalas, ou entre si. Quando os estames estão unidos às pétalas, são epipétalos, como na brinjal, ou epífilos, quando unidos ao perianto, como nas flores do lírio. Os estames de uma flor podem permanecer livres (poliândricos) ou podem estar unidos em diferentes graus. Os estames podem estar unidos num cacho ou num feixe (monoadelfos), como na rosa da China, ou em dois feixes (diadelfos), como na ervilha, ou em mais de dois feixes (poliadelfos), como nos citrinos. Pode haver uma variação no comprimento dos filamentos dentro de uma flor, como na *sálvia* e na mostarda.

Gineceu: O gineceu é a parte reprodutora feminina da flor e é constituído por um ou mais carpelos. Um carpelo é composto por três partes, nomeadamente o estigma, o estilo e o ovário. O ovário é a parte basal alargada, sobre a qual se encontra o tubo alongado, o estilete. O estilo liga o ovário ao estigma. O estigma encontra-se geralmente na ponta do estilo e é a superfície de receção dos grãos de pólen. Cada ovário contém um ou mais óvulos ligados a uma placenta achatada, semelhante a uma almofada. Quando existe mais do que um carpelo, estes podem estar livres (como no lótus e na rosa) e são designados por apocarpos.

Capítulo n.º: 04

Estudo da genética dos caracteres qualitativos e quantitativos

TRAÇOS MENDELIANOS VS TRAÇOS POLIGÉNICOS

A história do melhoramento de plantas tem cerca de 12000 anos, quando começou com o cultivo de plantas úteis em cativeiro de seres humanos. Desde então, as plantas têm vivido com os seres humanos e o processo tornou-se tão interdependente que a sua coexistência se tornou inevitável. Ao longo dos anos, a civilização mudou, resultando num tremendo aumento das necessidades humanas, pelo que o homem sempre tentou modificar as plantas para seu próprio benefício. O melhoramento de plantas é a arte e a ciência do melhoramento genético de plantas através do processo de seleção para vários caracteres agronomicamente importantes e os esforços de melhoramento de plantas incluem sempre um elemento de acaso, porque o número de genótipos e ambientes e os consequentes fenótipos a avaliar são ilimitados.

Traços qualitativos: A redescoberta dos princípios mendelianos no início do século XX revolucionou totalmente a manipulação das plantas cultivadas. Mendel foi o primeiro a oferecer uma explicação simples e razoável para o processo de hereditariedade. Mendel observou sete traços visíveis e claros (Quadro 1) na ervilha de jardim *(Pisum sativum)* e postulou leis de herança de caracteres.

Sl.No.	Character	Dominant form	Recessive form
1.	Seed shape	Round	Wrinkled
2.	Cotyledon colour	Yellow	Green
3.	Seed coat colour	Grey	brown White
4.	Pod shape	Inflated	Constricted
5.	Unripe pod colour	Green	Yellow
6.	Flower position	Axial	Terminal
7.	Stem length	Long	Short

Tabela 1. Caracteres qualitativos contrastantes tratados por Mendel

O trabalho de Mendel constitui a base da genética e a análise dos seus dados constitui um dos exemplos clássicos de análise de dados genéticos. Curiosamente, o sucesso de Mendel baseou-se na existência de fenótipos distintos, facilmente reconhecíveis, resultantes de diferentes formas de um gene, denominados alelos. As diferenças alélicas fazem com que a morfologia, a fisiologia ou o comportamento do organismo se alterem de forma a chamar a atenção do experimentador. As diferenças alélicas deste tipo produzem diferenças fenotípicas bem definidas e pouco influenciadas pelo ambiente. Estas diferenças pronunciadas são designadas por diferenças qualitativas e resultam de diferenças alélicas importantes num ou dois genes. Estes genes são designados por genes principais.

Traços quantitativos: As bases matemáticas para o estudo da variação quantitativa foram estabelecidas pela primeira vez por Galton (1989). Este estudou as características físicas e mentais dos seres humanos. Observou que os indivíduos mais altos produziam, em média, filhos mais altos. Para medir o grau de hereditariedade de tais características, Galton e os seus alunos desenvolveram novas técnicas biométricas, como a correlação e a regressão. Ele estabeleceu que as transmissões hereditárias são equilibradas a partir dos dois pais, levando à proposta da Lei da Hereditariedade Ancestral. Assim, embora não fosse possível determinar a segregação e o sortimento de factores hereditários individuais, os "biométricos" conseguiram demonstrar estatisticamente que havia semelhança entre parentes no que diz respeito a numerosos caracteres quantitativos. Na ausência de um conhecimento pormenorizado sobre os genes, parecia-lhes que muitos dos traços quantitativos eram determinados por processos de mistura ou de combinação. Após a descoberta do trabalho de Mendels (1900), diferentes pontos de vista formaram a base para os dois principais grupos de geneticistas, nomeadamente os "mendelianos" que propunham que os caracteres hereditários eram qualitativos e descontínuos (discretos) na distribuição e os "biométricos" que acreditavam que a variação hereditária era basicamente quantitativa e contínua na distribuição. Johannsen (1909), ao demonstrar a ocorrência de variação genética quantitativa, afirmou que tanto os factores hereditários como os não hereditários eram responsáveis pelas variações observadas no peso das sementes de feijão *(Phaseolus vulgaris)*.

Nilsson - Ehle (1909) investigaram a cor do grão de trigo. Havia três genes Aa, Bb, Cc envolvidos na determinação da cor do grão. A B C (vermelho) era dominante em relação a a b c (branco). Cada um destes 3 pares de genes (Aa / Bb / Cc) segregou-se de forma medeliana, de tal modo que a autofecundação do heterozigoto Aa produziu 3 vermelhos (A-) e 1 branco (aa); dois pares de genes segregaram-se numa proporção de 15:1 e três pares de genes numa proporção de 63:1. Foi observado que cada gene dominante adicionou um grau de vermelhidão ao grão. A partir deste estudo, percebeu-se que a expressão fenotípica era proporcional à dosagem do fator e que a variação fenotípica seria contínua. A continuidade seria completada pelo efeito de esbatimento dos factores não hereditários. Porque havia apropriadamente o nome de "fator múltiplo". Os efeitos dos factores múltiplos são geralmente demasiado pequenos para serem identificados; não podem ser isolados individualmente.

A forma "fator múltiplo" foi substituída por "poligenes" por Mather (1941). Os poligenes são genes com pequenos efeitos sobre um determinado carácter que se complementam para produzir alterações quantitativas observáveis. Estes efeitos quantitativos são, nalguns casos, aditivos.

Capítulo n.º: 05

Conceitos importantes sobre o melhoramento de culturas autopolinizadas, polinizadas cruzadas e propagadas vegetativamente

As várias abordagens (seleção, hibridação, mutação, etc.) utilizadas para o melhoramento genético das plantas cultivadas são designadas por métodos de melhoramento vegetal ou procedimentos de melhoramento vegetal ou técnicas de melhoramento vegetal. A escolha dos métodos de melhoramento depende principalmente do modo de polinização, do modo de reprodução, da ação dos genes e do objetivo de melhoramento das espécies vegetais. Os métodos de melhoramento vegetal são geralmente classificados com base na aplicação do melhoramento das culturas (métodos gerais, métodos especiais e abordagens de melhoramento populacional) e na hibridação (métodos que envolvem hibridação e métodos que não envolvem hibridação). Esses métodos de melhoramento incluem a introdução, a seleção (seleção de linhas puras, seleção em massa, seleção de descendentes), a hibridação (métodos de pedigree, bulk e retrocruzamento), o melhoramento por heterose, o melhoramento sintético e o melhoramento composto. Por outro lado, os processos de seleção que raramente são utilizados para o melhoramento de plantas cultivadas são designados por métodos especiais de seleção. Estes métodos incluem: reprodução por mutação, reprodução por poliploidia, cruzamento alargado ou hibridação distante e biotecnologia. Quatro abordagens de melhoramento, *nomeadamente a* seleção recorrente, o acasalamento e seleção disruptivos, o sistema de acasalamento seletivo dialélico e o acasalamento biparental, são utilizadas principalmente para o melhoramento de populações.

Classificação dos métodos de seleção de plantas: Base da classificação e tipos de métodos Aplicação no melhoramento de culturas Os métodos de melhoramento incluem Introdução de plantas, seleção de linhas puras, seleção em massa, seleção de descendência, método pedigree, método bulk, método back cross, SSD, seleção clonal, melhoramento heterose, sintéticos e compostos. Reprodução por mutação, reprodução por poliploidia, reprodução transgénica, reprodução molecular. Seleção recorrente, seleção disruptiva, sistema de acasalamento dialeloselectivo, acasalamento biparental e *hibridação.*

Métodos que envolvem hibridação Pedigree, bulk, retrocruzamento, métodos SSD Métodos de melhoramento da heterose e abordagens de melhoramento da população e melhoramento molecular (seleção assistida por marcadores).

Métodos que não envolvem hibridação: Introdução de plantas, seleção de linhas puras, seleção em massa, seleção de descendentes, seleção clonal, melhoramento por mutação e melhoramento transgénico.

Existem algumas diferenças nos métodos de reprodução utilizados para espécies autopolinizadas e espécies polinizadas cruzadas. As espécies autopolinizadas são homozigóticas, pelo que podemos iniciar a hibridação diretamente. As espécies de polinização cruzada, por outro lado, são altamente heterozigóticas. Por isso, não podemos iniciar a hibridação diretamente. Primeiro, temos de desenvolver linhas consanguíneas por autofecundação ou consanguinidade e só depois é que se pode iniciar a hibridação. Temos de explorar a homozigotia em culturas autopolinizadas e a heterozigotia em espécies polinizadas cruzadas. As espécies propagadas assexuadamente, como a cana de açúcar, a batata, a batata-doce, etc., são altamente heterozigóticas. Por conseguinte, os híbridos F_1 nestas culturas apresentam segregação e a seleção pode ser praticada na geração F_i . Os clones superiores são identificados e posteriormente multiplicados. A manutenção ou conservação do vigor híbrido é fácil nestas culturas devido à propagação assexuada.

Métodos de melhoramento de espécies autogâmicas: Os métodos de melhoramento vegetal que são utilizados para o melhoramento genético de espécies autogâmicas ou autopolinizadas incluem: Introdução de plantas Seleção de linha pura Seleção em massa Método de pedigree Método de massa Método de descendência de semente única Método de retrocruzamento Reprodução por heterose, *reprodução por* mutação, reprodução por poliploidia, hibridação distante e reprodução transgénica.

Para o melhoramento da população, são utilizadas quatro abordagens de melhoramento, *nomeadamente a* seleção recorrente, a seleção disruptiva, o acasalamento seletivo dialélico e o acasalamento biparental.

Métodos de reprodução de espécies alogâmicas: Os métodos de reprodução utilizados para o melhoramento genético de espécies de polinização cruzada ou alogâmicas incluem a introdução de plantas, a seleção em massa da descendência, o método de retrocruzamento, a reprodução por heterose, a reprodução sintética, a reprodução composta, a reprodução por poliploidia, a hibridação à distância, a reprodução transgénica, a reprodução por mutação é raramente utilizada em espécies alogâmicas. Três abordagens de reprodução, *nomeadamente a* seleção recorrente, o acasalamento disruptivo e a seleção biparental, são utilizadas para melhorar a população.

Métodos de reprodução de espécies propagadas assexuadamente: Os métodos importantes de reprodução aplicáveis a espécies propagadas assexuadamente são (1) Introdução de plantas (2) Seleção clonal (3) Seleção em massa (4) Reprodução por heterose (5) Reprodução por mutação (6) Reprodução por poliploidia

A introdução de plantas é aplicável aos três grupos de plantas cultivadas, ou seja, espécies autopolinizadas, polinizadas cruzadas e propagadas assexuadamente. Trata-se de um método antigo e rápido de melhoramento das culturas. O material introduzido pode ser utilizado de três formas: diretamente como variedade, como variedade após seleção, como progenitor na hibridação para o desenvolvimento de uma variedade ou de um híbrido.

A seleção de linhas puras é aplicável a espécies autopolinizadas. Por vezes, também é utilizada em espécies polinizadas cruzadas para o desenvolvimento de linhas consanguíneas. Uma única linha pura melhor é libertada como variedade. Assim, uma variedade de linha pura é uma população homozigótica e homogénea. A seleção em massa é comum em espécies de polinização cruzada e rara em espécies autopolinizadas e de propagação assexuada. Nas culturas autopolinizadas, uma variedade selecionada em massa é uma mistura de várias linhas puras. Trata-se, portanto, de uma população homozigótica mas heterogénea. Nas espécies de polinização cruzada, uma variedade selecionada em massa é uma mistura de vários hetero e homozigotos. Trata-se, portanto, de uma população heterozigótica e heterogénea.

A seleção de descendência é utilizada em espécies de polinização cruzada. Uma variedade desenvolvida por este método é uma população heterozigótica e heterogénea porque é constituída por vários hetero e homozigóticos.

O método da linhagem é aplicável tanto a espécies autopolinizadas como a espécies polinizadas cruzadas. Nas culturas autopolinizadas, a descendência de um único melhor homozigoto é libertada como uma variedade. Assim, uma variedade desenvolvida por este método tem uma população homozigótica e homogénea.

Nas espécies de polinização cruzada, é utilizado para o desenvolvimento de linhas consanguíneas. Os métodos de descendência em massa e de semente única são utilizados em espécies autopolinizadas. A descendência de um único melhor homozigoto é libertada como uma variedade por estes métodos. Assim, as variedades desenvolvidas por estes métodos são homozigóticas e homogéneas.

O método de retrocruzamento é aplicável aos três grupos de espécies de culturas. Este método é utilizado para a transferência de caracteres oligogénicos de uma fonte dadora para uma variedade bem adaptada. Este método também é utilizado para o desenvolvimento de multilinhas, linhas isogénicas e transferência de esterilidade masculina. Este método é mais eficaz na transferência de caracteres oligogénicos do que de caracteres poligénicos. O produto final do método de retrocruzamento é semelhante à variedade parental, à exceção do carácter que tem de ser transferido da fonte doadora.

As variedades multilinhas são desenvolvidas em espécies autopolinizadas. São uma mistura de várias linhas isogénicas, linhas estreitamente relacionadas ou linhas não relacionadas. Assim, uma variedade multilinha é uma população homozigótica mas heterogénea.

A seleção clonal é utilizada em espécies propagadas assexuadamente. Neste método, a descendência de um único melhor clone é libertada como uma variedade. Esta variedade tem uma população heterozigótica mas homogénea.

A reprodução por heterose é utilizada nos/em todos os três grupos. No entanto, é comum em espécies de polinização cruzada e propagação assexuada e rara em espécies autopolinizadas. Uma variedade híbrida tem uma população homogénea mas heterozigótica. As variedades sintéticas e compostas são desenvolvidas em espécies de polinização cruzada. Estas variedades são constituídas por vários homozigotos e heterozigotos, constituindo assim uma população heterogénea.

A reprodução por mutação é comum em espécies autopolinizadas e propagadas assexuadamente e rara em espécies polinizadas cruzadamente. Uma variedade mutante difere da variedade parental num ou em alguns caracteres. Um mutante difere de um segregante de duas formas principais. Em primeiro lugar, a frequência de segregantes é muito elevada e a de mutantes é extremamente baixa (0,1%). Em segundo lugar, o mutante difere da variedade-mãe num ou em poucos caracteres, ao passo que o segregante difere do material-mãe em vários caracteres.

A reprodução por poliploidia é comum em espécies propagadas assexuadamente e rara em espécies autofecundadas e de polinização cruzada. Uma variedade poliploide difere da variedade parental em número de cromossomas e apresenta caracteres morfológicos gigantescos.

A hibridação à distância é utilizada em todos os três tipos de espécies de culturas. No entanto, este método é utilizado para transferir alguns genes desejáveis de espécies selvagens para as cultivadas. Geralmente, o método de retrocruzamento é utilizado para a transferência de caracteres oligogénicos e o método de pedigree para a transferência de caracteres poligénicos.

O melhoramento transgénico é aplicável aos três tipos de espécies de culturas. Este método é utilizado para resolver problemas específicos que não podem ser resolvidos pelas técnicas de reprodução convencionais. Este método servirá como uma ferramenta e não pode ser utilizado como substituto dos métodos de reprodução convencionais.

A seleção recorrente é comum nas espécies de polinização cruzada e rara nos outros dois grupos. É utilizada para acumular genes favoráveis numa população, *ou seja,* para o melhoramento da população. Outras abordagens utilizadas para o melhoramento da população incluem o acasalamento disruptivo, o acasalamento seletivo dialélico (DSM) e o acasalamento biparental. A DSM é utilizada em espécies autopolinizadas e as outras duas técnicas podem ser utilizadas tanto em espécies autopolinizadas como em espécies polinizadas cruzadas.

Capítulo n.º: 06

Principais objectivos e procedimentos de melhoramento, incluindo abordagens convencionais e modernas inovadoras para o desenvolvimento de híbridos e variedades das principais culturas Kharif para rendimento, adaptabilidade, estabilidade, tolerância ao stress abiótico e biótico e qualidade (física, química, nutricional)

ARROZ *(Oryza sativa*) 2n = 24

O arroz é um alimento básico para mais de 60% da população mundial. É designado como a rainha dos cereais, ocupando 11% da área de cultivo mundial. A Índia é o primeiro país do mundo em área de cultivo de arroz e o segundo da China em produção de arroz. Na Índia, o arroz é cultivado numa área de cerca de 45 milhões de hectares, com uma produção de 106,65 milhões de toneladas (2013-14). É cultivado de 8^0 N a 35^0 N latitudes e a cultura cresce em condições muito variáveis de precipitação, altitude e condições climáticas. Atualmente, a área do ecossistema irrigado é de cerca de 20,6 milhões de hectares com uma produtividade de 3,6 toneladas por hectare e a área de sequeiro é de 24,4 milhões de hectares com incerteza quanto à água disponível. Embora a produção de arroz tenha aumentado cerca de três vezes, de 30 milhões de toneladas (1966) para 106,65 milhões de toneladas (2013-14), a procura provável de arroz de 143 milhões de toneladas até 2025 tem de ser satisfeita através de um aumento da produtividade, uma vez que há pouca margem para aumentar a área de arroz no futuro.

Origem: S.E. Ásia

Distribuição: O arroz é uma das mais antigas culturas cultivadas. As duas espécies cultivadas de arroz são ***Oryza sativa* - arroz asiático e *O. glaberrima* - arroz africano.**

Oryza sativa (arroz asiático) e *Oryza glaberrima* (arroz africano) são as únicas espécies cultivadas do género Oryza, embora existam cerca de 22 espécies selvagens. Com base em extensas evidências históricas, arqueológicas, genéticas e citogenéticas, os investigadores inferiram que a grande faixa que se estende das colinas do nordeste da Índia até às cadeias montanhosas do sudeste asiático continental e do sudoeste da China poderia ser o principal centro de origem de *O. glaberrima.* A diferenciação ecogenética devida à migração e à seleção conduziu aos vários centros de diversidade do arroz cultivado nas colinas do sopé dos Himalaias, na zona de Chattisgarh em Madhya Pradesh, no distrito de Jeypore em Orissa, na Índia, em Myanmar, na parte norte da Tailândia, na província chinesa de Yunnan, etc., para o arroz asiático, e na bacia do rio Níger e nas zonas em torno da costa guineense para o arroz africano.

Sistemática das culturas e relação entre espécies

O arroz pertence ao género *Oryza* da tribo Oryzae da subfamília Oryzoidae da família das gramíneas Graminae (Poaceae). São reconhecidas cerca de 20 a 25 espécies, que se agrupam em geral nas espécies cultivadas de *O. sativa* e *O. glaberrima* e nos seus antepassados silvestres ou infestantes. Com base em investigações citológicas, a relação entre as espécies revelou que o género inclui diploides (*O. sativa, O. glaberrima* e os seus parentes selvagens, *O. officianlis, O. australiensis* e *O. punctata)* com 2n=24 cromossomas e tetraplóides *(O. minuta, O. Iatifolia, O. alta, O. Punctata, O. malamphuzhaensis, O. grandiglumis, O. Iongiglumis* e *O. ridelyi)* com 2n=48 cromossomas. A análise dos genomas, efectuada com base no comportamento de emparelhamento dos cromossomas e na fertilidade dos híbridos interespecíficos, permitiu agrupar estas espécies em seis genomas distintos designados por A, B, C, D, E e F.

Os grãos de arroz selvagem, *O. rufipogon*, são essencialmente semelhantes aos grãos de arroz cultivado, mas são mais finos, têm mais propriedade e soltam-se facilmente para facilitar a dispersão. Os arrozais cultivados são predominantemente autofecundados, enquanto os arrozais silvestres são maioritariamente fertilizados por cruzamento, sendo a polinização efectuada pelo vento.

Evolução e domesticação: Muitos autores sugeriram que a evolução da *O. sativa a* partir da *O. rufipogon* perene teria sido mediada por uma espécie selvagem anual. Acreditava-se que *O. perennis era* o antepassado comum de ambas as espécies cultivadas que se transformaram em *O. nivara* e *O. barthii* e foram domesticadas no Sul e Sudeste Asiático e na África Ocidental Tropical, respetivamente. O arroz cultivado é um poliploide secundário equilibrado derivado de uma espécie ancestral de gramínea com um número básico de cromossomas de 5. Durante o processo evolutivo, dois dos cromossomas foram duplicados, dando origem a dois tipos de plantas: 2n-14 e 2n=10. O anfidiplóide do cruzamento entre duas variantes (2n=12) deu origem ao arroz cultivado e aos seus antepassados selvagens com 2n=24 cromossomas. O arroz asiático inclui uma espécie selvagem perene *O. rufipogon* e uma espécie selvagem anual *O. nivara*, enquanto *O. longistaminata* e *O. barthii* são os progenitores selvagens perenes e anuais de *O. glaberrima*, respetivamente.

As subespécies ou grupos varietais de *O. sativa*, nomeadamente *indica*, *japonica* e *javanica,* evoluíram devido à seleção natural e humana da qualidade desejada e à adaptação a novos nichos. Pensa-se que evoluíram a partir de três populações diferentes de *O. nivara* que existiam em regiões diferentes. Diz-se que as rícias de montanha do Sudeste da Índia, os tipos semelhantes à *japoncia* do Sudoeste da China e as rícias de montanha da Indochina evoluíram diretamente a partir das espécies selvagens anuais das respectivas regiões.

Indica: As ricas ***Indica*** estão bem adaptadas e ocorrem na Ásia tropical e subtropical (Índia, Sul da China, Vietname, Tailândia, Myanmar, Filipinas, Bangladesh, Sri Lanka, etc.). São plantas altas com caules fracos, folhas longas e caídas, sensíveis a baixas temperaturas e ao fotoperíodo.

Japónica (Sinica): adaptada às regiões subtropicais e temperadas da Coreia, Japão, Norte da China, etc. Caracterizam-se por um maior número de folhas, poucos perfilhos e são relativamente resistentes ao estilhaçamento. Os grãos são curtos, largos e com baixo teor de amilose, o que torna o grão pegajoso quando cozinhado.

Javanica: Trata-se de tipos intermédios, seleccionados na Indonésia a partir de variedades tropicais. São altas, de caule grosso, pouco perfilhadas, resistentes ao estilhaçamento e têm folhas largas e rígidas, longos colmos e grãos grandes e arrojados.

Biologia floral: O arroz é uma cultura predominantemente autopolinizada, embora a polinização cruzada ocorra numa proporção de 5 por cento. No entanto, observa-se um maior número de cruzamentos em parentes selvagens do arroz, como *O. Iongistaminata* e *O. sativa f spontanea.* A inflorescência do arroz é uma panícula terminal que consiste em ramos primários, secundários e terciários. A panícula apresenta espiguetas com uma única flor. Cada espigueta individual é constituída por dois lemas estéreis curtos (glumas exteriores), um lema fértil normal e uma pálea. O lema fértil é desprovido de cernelha ou tem uma propriedade curta ou longa. O lema fértil e a pálpea envolvem os órgãos sexuais, que são constituídos por seis estames e um pistilo. Os estames são compostos por anteras bilobadas suportadas por filamentos delgados, enquanto o pistilo é composto por um ovário com um óvulo e dois lóbulos de estigma emplumados suportados por um estigma bífido emplumado. Na base da parte inferior estão presentes duas lodículas transparentes que desempenham um papel preponderante na abertura do florete. Em geral, existem cerca de 150-200 espiguetas por panícula.

Antese e Polinização da Inflorescência do Arroz As espiguetas de uma panícula florescem numa ordem quase fixa. As espiguetas dos ramos superiores abrem primeiro e as espiguetas dos ramos inferiores abrem por último. São necessários 4 a 7 dias para a abertura completa de todas as espiguetas de uma panícula. A antese da inflorescência do arroz ocorre normalmente entre as 10 e as 14 horas, embora as condições climatéricas influenciem em grande medida a abertura dos floretes e também o tipo de cultivares. A deiscência das anteras pode coincidir com a abertura dos lemas para libertação do pólen sobre o estigma. O lema e a pálpea fecham-se após a saída dos grãos de pólen dos sacos de anteras. A partir da antese, a panícula leva cerca de 30-35 dias para atingir a maturidade do grão. O fruto é conhecido como cariopse, rodeado por lema e palea, que forma a casca.

Objectivos da seleção de arroz:

É possível aumentar a produção capturando o potencial de rendimento das variedades existentes, estabilizando e aumentando o rendimento através do desenvolvimento de variedades com resistência a stresses bióticos e abióticos, que são os principais objectivos de melhoramento do arroz.

Aumentar o rendimento: O rendimento do arroz variou entre apenas 1 t/ha em muitos países de África e mais de 6 t/ha na China, Japão e Coreia do Sul. As melhorias genéticas no arroz e o desenvolvimento de variedades modernas de arroz, juntamente com melhores práticas de cultivo, são responsáveis pelo impressionante crescimento da produção. Para satisfazer a procura crescente de arroz, é necessário desenvolver variedades com elevado potencial de rendimento, combinando características morfológicas como o semi-anão, o elevado perfilhamento, caules espessos, panículas compactas, folhas erectas para reduzir a sombra e utilizar eficazmente a radiação solar e características fisiológicas como a maturidade precoce, a foto-insensibilidade e a capacidade de resposta aos fertilizantes.

Estabilidade e adaptabilidade: A estabilidade, especialmente no que respeita ao rendimento, refere-se à capacidade do genótipo da planta para expressar o seu potencial de rendimento numa vasta gama de ambientes. A cultura do arroz é cultivada numa vasta gama de condições climáticas e tipos de solo, incluindo zonas propensas à seca entre 45^0 N e 40^0 S e em terras desde o nível do mar até 3000 metros acima do nível do mar. Por conseguinte, é necessário desenvolver variedades para diferentes situações agro-ecológicas. Os constrangimentos à produtividade da cultura do arroz devido a flutuações sazonais, como a baixa intensidade luminosa, inundações, submersão, seca e outros factores, devem ser tidos em conta para desenvolver variedades adequadas a um local específico. A caraterização e a demarcação de áreas com base na sua vulnerabilidade relativa a aberrações climáticas ajudam a desenvolver variedades que utilizam variações sazonais ainda inexploradas e subexploradas para maximizar o potencial de produtividade.

Resistência a doenças e pragas: O rápido desenvolvimento de variedades de arroz anão de alto rendimento e a sua disseminação, juntamente com a gestão e o cultivo intensivo, resultaram no aparecimento de pragas e doenças. As perdas de rendimento devidas a pragas e doenças foram estimadas em cerca de 10-51% (Kalode e Krishnaiah, 1991). O arroz alberga cerca de cem pragas, das quais pelo menos vinte são importantes. Para além do velho problema da explosão e da mancha castanha, a cultura do arroz sofre atualmente de doenças virais, bacterianas e outras doenças fúngicas, bem como de muitos danos causados por insectos-praga. O desenvolvimento de estirpes virulentas de agentes patogénicos e o rápido aparecimento de biótipos de insectos sublinham a necessidade de integrar diferentes genes resistentes numa base genética de elite. A identificação de novas fontes de dadores adequados, bem como a compreensão do seu controlo genético da herança, é necessária para o desenvolvimento de variedades com resistência/tolerância a pragas/doenças específicas e para a sua implantação em áreas-alvo.

Qualidade: A qualidade do grão de arroz é uma combinação de muitas características que afectam o seu valor de mercado e a sua utilização como alimento. Os objectivos de melhoramento para a qualidade do arroz podem ser agrupados em quatro classes: Qualidade de mercado, Qualidade de moagem, Qualidade de cozedura e processamento, e Qualidade nutricional.

Qualidade comercial: A qualidade comercial refere-se ao aspeto geral e às propriedades físicas do grão de arroz, como o tamanho, a forma, a uniformidade do grão, a pubescência do casco, a translucidez, a cor, a ausência de giz no grão, etc. Consoante o

região geográfica, a preferência por vários traços de qualidade também varia. O arroz é classificado no mercado como sendo de grão longo, médio ou curto, bem como em função do rácio comprimento/largura, espessura e peso do grão. Cada tipo de grão possui qualidades específicas de moagem, cozedura e consumo.

Qualidade da moagem: O grão de arroz não descascado é designado por arroz em bruto ou paddy. É convertido em arroz integral através do descasque das cascas e convertido em arroz branqueado através da remoção das camadas exteriores de farelo. A qualidade da moagem é determinada pelo rendimento e pela relação entre o arroz de cabeça (grãos inteiros e quebrados de tamanho igual ou superior a três quartos) e o arroz total; as cultivares de grãos curtos e médios dão normalmente maiores rendimentos de moagem do que as cultivares de grãos longos. O rendimento da moagem ou a recuperação do arroz de cabeça das linhas avançadas de melhoramento devem ser avaliados com rigor para garantir que as cultivares recentemente lançadas produzirão rendimentos elevados de arroz de cabeça e de arroz total moído.

Qualidade da cozedura e da transformação: A qualidade de cozedura do arroz é determinada pelas propriedades físico-químicas do amido. Entre elas, o teor de amilose determina a viscosidade relativa ou a secura do arroz cozinhado. As variedades com elevado teor de amilose (> 25%) cozem secas e escamosas, enquanto as variedades com baixo teor de amilose cozem pegajosas. A temperatura de gelatinização (GT) determina a resistência à cozedura. Na Índia, é preferível uma GT moderada, bem como um teor intermédio de amilose.

Qualidade nutricional: O melhoramento da qualidade nutricional seria benéfico se pudesse ser efectuado sem qualquer perda de rendimento. O teor médio de proteínas é de cerca de 8% no arroz integral e de 7% no arroz branqueado. Embora relativamente baixo em proteínas em comparação com outros cereais, o valor nutritivo da proteína do arroz é elevado devido ao seu equilíbrio favorável de aminoácidos. O arroz branqueado é relativamente pobre em gorduras, proteínas e numa série de vitaminas e micronutrientes, sendo particularmente deficiente em lisina, vitamina A, ferro e zinco. A biofortificação para enriquecimento de vitamina A e de micronutrientes no património genético de elite é também um objetivo importante do melhoramento para a qualidade. As fontes genéticas de alto teor de ferro (Nilagrosa, Jalmagna, Tong Lan, Mo Mi, Azucina) e zinco (Conjay Roozay, Zuchem, Xua Bue Nuo) são recursos importantes para a melhoria da qualidade do arroz.

Arroz aromático: Entre os arrozes de melhor qualidade cultivados na Índia, os arrozes aromáticos, o arroz Basmati, são importantes, obtendo o prémio mais elevado no mercado internacional pela sua qualidade única. Os arrozes Basmati caracterizam-se por grãos superfinos, longos e delgados, com aroma agradável, alongamento extra do grão e textura macia, palatabilidade e fácil digestibilidade do arroz cozinhado, incomparável com qualquer outra variedade de arroz. Para além do Basmati, a Índia possui também um grande número de variedades de arroz aromático não Basmati, cultivadas e adaptadas às condições agro-ecológicas específicas das diferentes regiões orizícolas do país.

As cultivares tradicionais de arroz Basmati são altas, propensas a acamamento, sensíveis ao fotoperíodo e à temperatura e de muito baixo rendimento. Por conseguinte, para combinar os atributos de qualidade do arroz Basmati com um rendimento elevado, foi iniciado um programa sistemático de melhoramento genético do arroz Basmati no Indian Agricultural Research Institute, em Nova Deli, e noutras universidades agrícolas estatais. O resultado foi o desenvolvimento de variedades como Basmati-217, Type-3, Basmati-370, Taraori Basmati, Basmati-386 e Ranbir Basmati, Sabarmati, Impoved Sabarmati, Pusa 33, etc., que lançaram as bases do programa de melhoramento do arroz Basmati.

Pusa Basmati-1, a primeira variedade de arroz Basmati semi-anão insensível ao fotoperíodo e de alto rendimento, revolucionou a produção de arroz Basmati. Esta variedade contribui com quase 50 por cento do total das exportações de arroz Basmati em termos de valor, aproximadamente Rs.1000 crores por ano. Os esforços intensivos de reprodução e a seleção rigorosa dos caracteres de qualidade do grão e da cozedura resultaram no desenvolvimento de variedades como Punjab Basmati-1, Kasturi e Mahi Sugandha. Recentemente, foram lançadas diversas variedades, nomeadamente, Pus Sugandh-2, 3, 4, (Pusa 1121) e 5, Yamini (CSR30), Vasumati e Pant Sugandh Dhan-15. Pusa RH-10, o primeiro híbrido de arroz aromático de grão superfino do mundo, com rendimento 40% superior, foi desenvolvido no Instituto de Investigação Agrícola da Índia, em Nova Deli. A análise molecular revelou que o cromossoma 8 (aroma), os cromossomas 1,2,3,6 e 11 (alongamento do grão), os cromossomas 1, 2 e 7 (teor de amilase), os cromossomas 3, 4, 6 e 7 (comprimento do grão) e o cromossoma 10 (largura do grão) são importantes para os caracteres de qualidade.

Métodos de criação:

thO melhoramento do arroz na Índia foi iniciado no princípio do século XX. Em 1952, a FAO iniciou um projeto de hibridação *japonica-indica* com o objetivo de transferir genes de capacidade de resposta aos fertilizantes das *japónicas* para as *índicas*, a fim de aumentar os rendimentos nos países do Sul e do Sudeste Asiático, mantendo a qualidade e a adaptabilidade das *índicas* adequadas a esses países. O Conselho Indiano de Investigação Agrícola (ICAR) adoptou um esquema paralelo para os Estados indianos. O projeto de hibridação *japónica-indica teve* um êxito limitado, uma vez que os progenitores japónicos seleccionados de regiões temperadas eram termossensíveis e fotossensíveis e que as combinações híbridas resultaram em elevada esterilidade devido à recombinação restrita. Apenas quatro variedades, nomeadamente, Malinja e Mahsuri na Malásia, ADT 27 em Tamil Nadu (Índia) e Circna na Austrália, puderam ser lançadas através deste programa. Para impulsionar a produção e a produtividade em todos os estados produtores de arroz e para ter uma abordagem coordenada da investigação sobre o arroz a nível nacional, o ICAR criou, em 1965, um projeto coordenado de melhoramento do arroz em toda a Índia (AICRIP), com sede em Hyderabad.

1. Abordagem convencional

Melhoramento de variedades: A principal inovação no melhoramento do arroz foi conseguida com um tipo de planta semi-anão, sensível aos fertilizantes e que não se enraíza, com maior capacidade de reter a energia solar para aumentar a fotossíntese através de uma arquitetura foliar eficiente, com o desenvolvimento do arroz *Indica* TN-1an a partir do cruzamento entre o *Indica* alto Tsai-Yuan-Chung e o mutante anão Dee-geo-wu-gen (DGW G).

Introduções: Desempenhou um papel importante no melhoramento varietal, de modo a alargar e enriquecer a variabilidade genética. O Instituto Internacional de Investigação do Arroz (IRRI), localizado em Los Banos, Filipinas, através de extensos programas de melhoramento, tem distribuído cultivares melhoradas e linhas de melhoramento em todo o mundo. Mahsuri, da Malásia; Taichung (Native) 1, Taichung 65 e Tainan 3, de Taiwan; IR8, IR20, IR36, IR50, IR64, etc., do IRRI, tornaram-se muito populares e abriram a porta de entrada para a revolução verde.

Criação de linhas puras: Esta abordagem simples de reprodução/seleção teve a sua força nos primeiros anos de reprodução na rica variabilidade existente para isolar estirpes ou variedades melhoradas que foram amplamente cultivadas. O processo de purificação começa no campo do agricultor ou nas estirpes do agricultor criadas na estação experimental. As sementes colhidas de plantas promissoras são cultivadas em gerações sucessivas até se tornarem uniformes e estáveis. Após o aumento das sementes, a(s) melhor(es) linha(s) escolhida(s) é(são) intensivamente avaliada(s) em ensaios de rendimento replicados antes de ser(em) libertada(s) para cultivo comercial.

Método da linhagem: O método de seleção genealógica é o método mais comum de seleção de arroz. Sendo o arroz uma espécie autopolinizada, o melhoramento por recombinação, que consiste em cruzamentos controlados entre parentais escolhidos, seguidos de seleção de recombinantes superiores nas gerações segregantes para características específicas, é a abordagem mais utilizada no melhoramento do arroz. Para combinar um conjunto de características que tornam uma variedade única, a abordagem de melhoramento convergente que envolve a adição gradual de características constituintes é a melhor abordagem. O método da linhagem genealógica é utilizado para o melhoramento de características qualitativas e quantitativas quando o terreno, as instalações laboratoriais e a mão de obra são adequados, ao passo que o método de seleção da linhagem genealógica modificada ou da linhagem genealógica em massa é utilizado quando o ambiente de seleção não é adequado para discriminar os genótipos desejáveis dos indesejáveis. No método de pedigree em massa, as gerações segregantes são agrupadas até cinco gerações de F2, seguidas de seleção por pedigree. A metodologia de seleção utilizada também varia em função do controlo genético da caraterística-alvo, bem como do ambiente propício a uma seleção eficaz.

Reprodução para stresses bióticos: A resistência da planta hospedeira tem sido de grande importância no controlo da propagação de doenças e pragas. Foram feitos vários esforços concertados para avaliar o germoplasma de arroz contra várias pragas e doenças e para identificar fontes de resistência. Utilizando estes dadores, a resistência foi incorporada em variedades de arroz desenvolvidas para diferentes ecossistemas de arroz. No entanto, das fontes disponíveis, apenas alguns dadores foram utilizados para o desenvolvimento de várias variedades resistentes, o que conduziu a uma base genética estreita nos dias de hoje. Por conseguinte, é necessário utilizar estas fontes para alargar a base genética das cultivares. Através de métodos convencionais como a seleção e a hibridação, foram desenvolvidas muitas variedades resistentes a vários stresses bióticos. A hibridação alargada entre o arroz e espécies selvagens relacionadas tem desempenhado um papel importante na utilização de genes úteis de espécies selvagens para resistência contra o fungo castanho, o fungo de costas brancas, a praga bacteriana, a explosão e o tungro.

Reprodução para resistência a stresses abióticos: As tensões abióticas são causadas por vários factores, tais como temperaturas elevadas, stress, temperaturas baixas ou stress de frio, excesso de água causando stress de submersão, stress de alagamento ou stress de inundação ou stress de défice de água como a seca, aumento de sais químicos, etc., que afectam o desenvolvimento da planta em várias fases. A tolerância varietal é a estratégia mais fiável e rentável, embora a natureza da sua genética e o ambiente de stress sejam complexos. Entre as várias estratégias de melhoramento, destaca-se a seleção de linhas puras nas variedades nativas bem adaptadas a um determinado ambiente de stress como abordagem a curto prazo. A fim de desenvolver variedades de elevado rendimento que combinem a tolerância a stresses abióticos, é necessário identificar dadores que possuam diferentes mecanismos de tolerância a stresses abióticos.

Melhoramento por mutação: O melhoramento por mutação é muito útil em situações em que são necessárias apenas uma ou duas alterações simples em cultivares locais bem adaptadas, de modo a incluir complexos de genes para tolerância a stresses bióticos e abióticos, qualidade do grão, etc. Foi avaliada uma vasta gama de mutagénicos físicos e químicos no arroz e recuperada uma vasta gama de mutações pontuais economicamente úteis que afectam a altura das plantas, as folhas, a panícula e o tipo de grão. Algumas delas foram libertadas diretamente como variedades mutantes ou utilizadas como fontes dadoras para melhorar caracteres específicos. Entre os mutantes mais notáveis contam-se o Reimei do Japão, de maturação precoce, o RD 15 da Tailândia, o Jagannath da Índia, de estatura anã e com capacidade de resposta a fertilizantes, e o Calrose 76 dos EUA.

Sistema de desenvolvimento de híbridos de três linhas: Baseia-se no caule genético citoplasmático de esterilidade masculina, envolvendo uma linha CMS, uma linha mantenedora e uma linha restauradora de fertilidade designadas por linhas A, B e R, respetivamente. Este sistema de esterilidade masculina é o resultado de interacções entre o citoplasma indutor de esterilidade masculina e os genes nucleares restauradores de fertilidade. A constituição genética das linhas A, B e R é rf rf / S, rf rf / N e Rf Rf / S/N, respetivamente. Uma linha CMS é mantida através do cruzamento com a sua linha B (linha de manutenção). As linhas A e B são semelhantes em todos os aspectos, exceto que a primeira é macho-estéril e a segunda é macho-fértil. O gene restaurador possui um gene restaurador de fertilidade dominante. A semente híbrida é produzida pelo cruzamento das linhas A e R e é totalmente fértil. A semente colhida da linha A após polinização com a linha "R" é a semente híbrida. Este sistema de três linhas tem sido amplamente utilizado na Índia, nomeadamente na fonte WA, para o desenvolvimento de híbridos.

Sistema de desenvolvimento híbrido de duas linhas: Pode ser obtido de duas maneiras. Uma é a utilização de agentes químicos de hibridação (CHA) ou gametocidas, que, quando pulverizados na panícula, matam o pólen e tornam a planta estéril. Esta planta macho-estéril pode ser cruzada com outra linha parental para obter sementes híbridas. Outro método de obtenção de híbridos de arroz de duas linhas é a utilização da esterilidade masculina genica sensível ao ambiente (EGMS), em que a esterilidade masculina é induzida por condições ambientais como a temperatura (TGMS) e o fotoperíodo (PGMS) e tem sido relatada como estando sob controlo genético. Neste sistema, apenas é necessária uma linha macho-estéril e um polinizador. Assim, a produção de sementes é fácil e económica.

Sistema de esterilidade masculina genética sensível à temperatura (TGMS): A primeira linha TGMS de arroz, Annong-IS, foi isolada como mutante espontâneo na China e a esterilidade é controlada por um gene recessivo. No arroz, a temperaturas superiores a 28^0 C, as linhas TGMS são macho-estéreis, enquanto que a temperaturas mais baixas (inferiores a 24^0 C), estas linhas tornam-se férteis. Algumas outras linhas TGMS são Annong S, Hennong S, Novin PL 12, IR 68945, Pei Ai 64S, etc. Nas regiões tropicais, onde se registam diferenças de temperatura constantes a diferentes altitudes ou durante diferentes estações no mesmo local, o sistema TGMS é ideal para desenvolver híbridos de duas linhas.

Sistema de esterilidade masculina genética sensível ao fotoperíodo (PGMS): O arroz é uma planta de dias curtos, uma vez que o início dos dias curtos é acompanhado pela iniciação da panícula, pelo crescimento e pela floração. O sistema PGMS, que está sob o controlo de um gene recessivo, induz a esterilidade masculina em resposta a um dia de duração superior a 18 horas, enquanto estas plantas estéreis masculinas se transformam em férteis masculinas quando crescem num dia de duração inferior a 10 horas. A primeira fonte de PGMS foi registada na cultivar *japonesa* Nongken 58S. Algumas outras linhas PGMS são Zennongs, X 88 e 700 IS. Vantagens do sistema de duas linhas em relação ao sistema de três linhas:

Não há necessidade de uma linha de manutenção; portanto, o desenvolvimento de híbridos é fácil e simples. Qualquer genótipo pode ser utilizado como progenitor polinizador, assegurando assim uma maior flexibilidade na escolha dos progenitores na combinação híbrida. Os efeitos secundários negativos do citoplasma indutor de esterilidade masculina nas plantas F1 podem ser evitados. O programa de produção de sementes é simples e mais eficiente. O rácio da área de campo entre a multiplicação da semente do progenitor feminino, a produção de semente híbrida e o cultivo comercial de um híbrido F1 é de 1:100:10000 contra 1:50:5000 em sistemas de três linhas em arroz. No caso do sistema de esterilidade masculina induzida por CHA, a multiplicação da linha feminina e a produção de semente híbrida podem ser realizadas num local comum.

Sistema de linha única de desenvolvimento de híbridos: Baseia-se na utilização da apomixia para a produção de sementes híbridas. Neste sistema, a planta híbrida é produzida através do cruzamento de duas linhas parentais e pode ser mantida indefinidamente por apomixia sem perder a constituição genotípica do híbrido. Este sistema está ainda num estado preliminar e não gerou nenhum híbrido estável até agora.

Abordagens moleculares de melhoramento do arroz: O avanço das técnicas de biologia celular e molecular conferiu novas dimensões ao melhoramento, à genética e à genómica do arroz. Foram desenvolvidas várias variedades novas e introduzidas novas características utilizando técnicas de cultura de células e tecidos. Sendo o arroz a cultura cerealífera mais importante, é um dos principais alvos das manipulações genéticas celulares e moleculares, com destaque para a recuperação de plantas transgénicas férteis. A introdução de genes estranhos no arroz através da transformação genética tornou-se agora uma rotina. A transferência de ADN através de protoplastos, o método biolístico e os métodos mediados por *Agrobacterium* estão a ser utilizados para a transformação do arroz. Foi desenvolvido arroz *Bt* transgénico com genes cry com excelentes níveis de resistência contra as brocas do caule. Do mesmo modo, está em curso a proteção contra doenças virais mediada por proteínas de revestimento.

Está em curso o **melhoramento da qualidade nutricional através da transformação genética da planta de arroz com uma** via biossintética **da provitamina A modificada** com três genes, a fiteno sintase (psy), a fiteno dessaturase e a licopeno ciclase. Estão a ser envidados esforços para transferir estes genes para outras variedades de importância comercial através de retrocruzamentos e da seleção assistida por marcadores (MAS). Na Índia, os cientistas da Direção de Investigação do Arroz (DRR) e do Instituto Indiano de Investigação Agrícola (IARI) estão a levar a cabo um programa de retrocruzamento para introduzir estes genes nas variedades indianas.

Utilizando várias técnicas de marcadores, foram marcados e cartografados os principais genes que conferem resistência ao mosquito da galha, ao fungo castanho das plantas (BPH), ao fungo branco das plantas (WBPH), ao fungo verde das folhas (GLH), ao míldio bacteriano das folhas (BLB), à explosão, etc. Além disso, foram desenvolvidos marcadores baseados em PCR estreitamente ligados e frequentemente flanqueados para os protocolos de seleção assistida por marcadores (MAS) e de retrocruzamento assistido por marcadores (MAB). Utilizando estes marcadores, os geneticistas e os obtentores podem agora combinar o gene maior e o gene menor mais adequados de forma controlada, conduzindo a uma estratégia de seleção por conceção. Outra vantagem significativa do desenvolvimento de marcadores estreitamente ligados é a clonagem do gene com base em mapas. O desenvolvimento de variedades com resistência duradoura à BLB, ao míldio, etc. está no centro de um esforço coordenado no IRRI e no Sistema Nacional de Investigação Agrícola, utilizando a tecnologia de marcadores moleculares. Huang e o seu grupo utilizaram a seleção assistida por marcadores de ADN para piramidar quatro genes de resistência ao míldio bacteriano Xa4, xa5, xa13 e Xa21.

Investigação futura para aumentar a produção e a produtividade do arroz

Gestão dos recursos genéticos de variedades de agricultores, raças de terra, cultivares comerciais, linhas parentais de híbridos libertados e parentes selvagens. Avaliação do germoplasma em condições *in situ*. A conservação *in situ* das raças autóctones e a documentação são as áreas prioritárias Aumento do potencial e da estabilidade do rendimento em situações de regadio, sequeiro, terras baixas e terras altas, e também em diferentes práticas agrícolas, como o arroz aeróbio e o arroz boro. Aumento do rendimento através do desenvolvimento de arroz híbrido utilizando linhas parentais derivadas de *indica / japónica*. Melhoria da qualidade do grão, que inclui aroma agradável, alongamento linear do grão aquando da cozedura e textura macia, tendo em conta a preferência regional e a procura de exportação. Desenvolvimento de variedades de arroz adequadas para cultivo em situações aeróbicas.

MILHO *(Zea mays)2n* = 20

O milho *(Zea mays)* é uma importante cultura cerealífera do mundo. No que respeita à produção, ocupa o primeiro lugar a seguir ao trigo. Sendo uma planta C4, é fisiologicamente mais eficiente e tem um rendimento de grão mais elevado e uma maior adaptação a uma vasta gama de condições ambientais. Os principais países produtores de milho são os EUA, a China, a Índia, o Brasil, o México, as Filipinas, a África do Sul e a Indonésia. O milho tem uma gama de utilizações mais vasta do que qualquer outro cereal, como alimentação animal, alimentação humana e para centenas de fins industriais. Sendo uma planta C4, o milho é mais produtivo em termos de nutrientes alimentares produzidos por unidade de área terrestre, por unidade de água transpirada e por unidade de tempo, nas condições das plantas C4.

Na Índia, a área cultivada com milho é de cerca de 9,07 milhões de hectares, com uma produção de 24,26 milhões de toneladas e uma produtividade de 2676 kg/ha (2013-14). O milho é cultivado principalmente durante a estação *kharif*, embora também seja cultivado durante a estação *rabi e* o verão. Os principais estados produtores de milho na Índia são Andhra Pradesh, Karnataka, Bihar e Himachal Pradesh, que representam cerca de 30% da área cultivada de milho. Em Bihar, a área cultivada com milho é de cerca de 7,32 lakh ha, com uma produção de 29,04 lakh toneladas matriciais e uma produtividade de 3966 kg / ha (2013-14).

Origem : América Central O milho é originário das Américas e era o principal grão alimentar dos nativos americanos. O milho foi domesticado há cerca de 8.000 anos na sua forma selvagem. Pensa-se que o antepassado mais próximo do milho era o teosinte, a partir do qual evoluiu o milho atual. Forças evolutivas como a mutação, a hibridação, a deriva genética e a seleção, com a ajuda dos seres humanos, resultaram na diferenciação do teosinte em milho e na sua posterior diferenciação em mais de 300 raças. Estas raças adaptaram-se a diferentes regiões agro-climáticas, longe do centro de origem. As cultivares modernas de milho diferem do milho primitivo por terem plantas mais produtivas, com maior número e peso de grãos individuais numa espiga de milho. De acordo com uma hipótese, o milho teve origem numa única domesticação a partir da subespécie teosinte basal ramificada *Zea mays* L. spp. parviglumis ou a partir da subespécie *Zea mays* L. spp. mexicana ramificada lateralmente, através de uma domesticação dupla a partir das duas subespécies. As semelhanças entre o milho e o teosinte residem no facto de serem monóicos no hábito de floração, com flores estaminadas e pistiladas nascidas em inflorescências separadas, enquanto o último difere do milho pelo facto de as espigas pistiladas terem 60-12 grãos em estruturas duras, triangulares, semelhantes a conchas e serem propensas a quebrar as sementes. Estudos moleculares recentes revelaram que o milho e o teosinto mantêm constituições genéticas distintas, apesar da introgressão de genes entre eles.

Sistemática das culturas e relação entre espécies:

O milho pertence à tribo *Maydaea* da família Graminae. A tribo *Maydaea* é constituída por sete géneros, nomeadamente *Coix* (2n=10/20), *Chionachne* (2n=20), *Sclerachne* (2n=20), *Trilobachne* (2n=20) e *Polytocta* (2n=20), no grupo do Velho Mundo, e *Zea* e *Tripsacum*, no grupo do Novo Mundo. As variedades que apresentavam características morfológicas, fisiológicas, genéticas e citológicas semelhantes foram agrupadas em raças distintas. Estas raças são importantes para os criadores que procuram germoplasma com caracteres específicos que possam ser utilizados no programa de melhoramento.

Estas raças são principalmente classificadas em seis tipos de grãos: flint, dent flour, pop, pod e sweet corn. Destas raças, as mais importantes são a Corn Belt Dent, a Southern Dents e a Northern Flints, sendo a mais produtiva a US Corn Belt Dent, que é um híbrido de Northern Flints e Southern Dents. Na Índia, existe uma maior diversidade de germoplasma de milho na região nordeste dos Himalaias, onde existem raças terrestres com alelos inexplorados. Estas raças foram descritas como primitivas de Sikkim por Dhawan (1964). Para além destas raças, existem diversas variedades locais de Jaunpur, Jullundhar, Anantnag, Hyderabad, Coimbatore, Rudrapur Malan c Sikkim.

Progenitores: *Z. teosinte* (mais preferido! e *Zea tunicata* Pertence à tribo Maydeae da família das gramíneas.

Parente selvagem: Teosinte: Existem três espécies de teosinte, das quais *a Zea mexicana* é diploide anual (2n = 20), tal como o milho. A erva-gama, outro parente próximo, pertence ao género *Tripsacum*

O género *Zea caracteriza-se* por inflorescências terminais masculinas com espiguetas estaminadas emparelhadas e inflorescências femininas laterais com espiguetas tardias de pistilo simples ou emparelhadas. *O género Zea* contém quatro espécies

***Zea mays* (2n = 2x = 20) = Milho**

***Zea mexicana* (2n = 2x = 20) = Teosinte anual**

***Zeaperennis* (2n = 4x = 40) = Teosinto tetraploide perene**

***Zea diploperennis* (2n = 2x = 20) Teosinte diploide perene**

Biologia floral

O milho é uma planta monóica de polinização cruzada, com flores estaminadas na borla e flores pistiladas na espiga. A autopolinização é de cerca de 5 %. O caule principal da planta de milho termina numa borla (inflorescência masculina).

O eixo principal e os ramos da borla apresentam espiguetas geralmente aos pares, uma séssil e a outra pedicelada. Cada espigueta tem dois floretes, cada um com um lema, uma pálpebra, três estames, duas lodículas e um pistilo rudimentar. Os grãos de pólen são muito pequenos, leves e facilmente transportados pelo vento.

Os rebentos são formados nas axilas das folhas. Mais ou menos a meio do caule, um ou dois rebentos desenvolvem-se em rebentos laterais que dão origem à inflorescência feminina conhecida como espiga. O rebento da espiga é composto por uma haste que tem bainhas de folhas modificadas como cascas e os entrenós da haste são altamente condensados. No rebento da espiga, as espiguetas pistiladas nascem aos pares em filas longitudinais da base até à ponta. Cada espigueta tem duas flores, uma das quais é fértil e a outra é estéril. O ovário é rodeado por um estilo longo, fino e bífido, conhecido como seda. As sedas funcionam como estilo e estigma ao longo de todo o seu comprimento.

Objectivos da criação

Uma vez que o milho tem uma vasta gama de utilizações alimentares e industriais, o objetivo do melhoramento depende de vários factores, como o produto final visado pelo mercado, a perspetiva do agricultor, a situação agroclimática específica, bem como as limitações e os níveis de produção. Sendo o milho uma planta C4, o objetivo do melhoramento deve explorar o potencial produtivo inerente à cultura.

Melhoramento do rendimento: O objetivo mais importante é aumentar o rendimento do grão, que é uma caraterística complexa herdada quantitativamente e cuja expressão é influenciada por vários componentes do rendimento. Os vários componentes de rendimento que contribuem para o rendimento do milho incluem o número de espigas, o número de linhas de grãos, o número de grãos por linha, o peso de teste e a percentagem de descasque. O rendimento do grão depende também de várias características fisiológicas, como a absorção de nutrientes, a fotossíntese, a translocação, o tamanho do reservatório e a transpiração. O milho é uma planta C4 e tem uma taxa de fotossíntese mais elevada. O rendimento de grãos também é afetado por genes associados a caracteres que contribuem para a estabilidade da produção, como a maturidade óptima, a qualidade do caule e a resistência a stresses bióticos e abióticos.

Adaptabilidade e estabilidade: O desenvolvimento de variedades ou híbridos com grande adaptabilidade e estabilidade tem por objetivo assegurar rendimentos mais elevados e estáveis aos agricultores. A adaptabilidade é também um objetivo complexo que é afetado por vários factores, como as condições agro-climáticas da região, o nível de fertilidade do solo, as práticas de lavoura, bem como a tolerância ao frio, ao calor e à seca. O milho é uma planta de dia curto e a altura da floração é influenciada pelo fotoperíodo e pela temperatura.

O desenvolvimento de variedades/híbridos fotoinsensíveis é prioritário para facilitar o seu cultivo durante todo o ano. Nos climas tropicais e subtropicais, pode ser cultivada durante todo o ano, uma vez que a humidade do solo e outros factores não são limitantes, enquanto nas regiões temperadas a estação de crescimento se restringe ao período sem geadas. Assim, os híbridos com tolerância ao frio e maturação precoce têm a vantagem de permitir diferentes sistemas de cultivo. Do mesmo modo, os híbridos de maturação precoce estão adaptados a períodos de crescimento mais curtos em latitudes mais elevadas e a latitudes mais baixas com períodos de crescimento mais longos. A adaptação dos híbridos/variedades depende da produtividade do solo, uma vez que respondem melhor aos níveis de fertilidade.

Melhoramento para resistência a doenças e pragas: As doenças mais graves do milho na Índia são o míldio *(Drschlera turcica)*, o míldio *(D. maydis)*, o complexo de podridão do caule após a floração *(Macrophomina phaseolina, Fusarium spp., Cephalsporium spp.)*, o míldio *(Perenosclerophthora soghi)* e a ferrugem comum *(Puccinia sorghi)*. Do mesmo modo, as pragas de insectos, como a broca do caule, a lagarta-do-cartucho, os afídeos, a lagarta-das-cortadeiras, os jassídeos, os tripes, a lagarta-das-raízes, o mineiro das folhas, etc., são importantes e causam perdas graves em várias fases do crescimento das culturas. É importante compreender o controlo genético destas doenças e pragas de insectos, bem como a identificação de fontes de resistência contra elas, de modo a planear uma estratégia de reprodução adequada.

Melhoramento da qualidade: O grão de milho é composto por cerca de 7% de amido, 10% de proteínas, 5% de óleo, 2% de açúcar e 1% de cinzas. A proteína do milho é chamada Zeína e tem um baixo valor biológico devido à baixa concentração dos aminoácidos essenciais lisina e triptofano. Os criadores de milho fizeram progressos significativos na alteração da composição de vários traços de qualidade. Foram descobertos e desenvolvidos vários mutantes para alterar as fracções de amido do endosperma do milho. Os genes que modificam a estrutura ou a qualidade do endosperma do grão têm sido efetivamente utilizados para desenvolver milhos especiais.

Assim, os objectivos de melhoramento da qualidade não se limitam a melhorar as características físicas, mas também as características agronómicas. A qualidade física do grão é geralmente medida pela dureza do grão, pela suscetibilidade à quebra do grão (fragilidade) e pela fissuração por tensão. Para melhorar a qualidade física do grão de milho, está a ser desenvolvido o melhoramento de grãos resistentes a danos mecânicos e a secagem de grãos a baixa temperatura. A qualidade nutricional inclui a concentração de proteínas e o equilíbrio de aminoácidos. Em geral, o aumento do rendimento do grão aumenta a concentração de amido do grão e reduz a concentração de proteínas do grão.

Métodos de criação:

O milho é uma cultura de polinização cruzada. Os métodos de melhoramento devem centrar-se na exploração da heterozigotia numa direção desejável, bem como na exploração em grande escala do vigor híbrido. A cultivar pode ser uma população de polinização aberta ou um híbrido. Os principais métodos de melhoramento do milho são o melhoramento populacional e o melhoramento híbrido. Todos estes métodos envolvem uma seleção que actua sobre a variabilidade indígena e exótica existente ou sobre a variabilidade criada através da hibridação, da segregação genética e da recombinação.

Introdução: Muitas das introduções foram utilizadas diretamente como cultivares comerciais em muitos países, incluindo a Índia, como a Laxmi e a Suwan compostas, lançadas no estado de Bihar, e estas introduções também foram utilizadas como material de origem para desenvolver cultivares ou linhas consanguíneas.

Melhoramento da população: O melhoramento populacional tem por objetivo aumentar a frequência de alelos favoráveis na população e, ao mesmo tempo, manter uma variabilidade genética considerável. Envolve vários procedimentos de seleção recorrente que são amplamente classificados em esquemas de melhoramento intra-populacional e inter-populacional.

Melhoria intra-populacional:

(i). Seleção em massa: consiste na seleção de espigas com base nas características da planta e da espiga e as sementes colhidas são agrupadas para produzir a geração seguinte, repetindo-se o processo durante vários ciclos. A seleção em massa foi o único método adotado anteriormente para melhorar os tipos de milho locais cultivados pelos agricultores. Mais tarde, a hibridação varietal envolvendo germoplasma indígena, acompanhada de seleção em massa, resultou no desenvolvimento de muitas variedades de polinização aberta. Devido às suas limitações na identificação de genótipos superiores com base apenas no fenótipo, bem como à falta de controlo sobre a polinização e à grave depressão endogâmica, foram introduzidas várias alterações nos procedimentos de seleção massal, embora variedades como a KT 41 e a Basi tenham sido desenvolvidas pelo método de seleção massal na Índia.

Existem vários métodos de seleção de massa modificados:

A seleção massal modificada sem controlo do pólen, também conhecida como método da grelha, foi desenvolvida por Gardner em 1964. Neste método, a área experimental é dividida em subparcelas ou grelhas e a seleção de características superiores é realizada dentro da grelha, que são agrupadas para o cultivo da geração seguinte.

Seleção espiga a espiga ou seleção de progénie meio-sib: Foi desenvolvido por Hopkins. Neste método, as espigas superiores são seleccionadas a partir da população de origem e são mantidas separadas, sem acumulação. No ano seguinte, as linhas de descendência de cada espiga individual são criadas a partir de metade das sementes e, com base nas linhas de descendência superiores, as sementes restantes das linhas de descendência seleccionadas são agrupadas para constituir uma população melhorada.

Seleção modificada espiga a espiga, proposta por Lonnquist (1964), em que as progénies são avaliadas em locais com características replicadas.

Seleção de famílias de meio-sangue: Os indivíduos que têm um progenitor em comum são designados por meios-irmãos. As famílias meio-sib são desenvolvidas por acasalamento aleatório numa parcela isolada ou por polinização de plantas com pólen de um grande número de plantas. São avaliadas pequenas quantidades de sementes de famílias de meios-sibs e as sementes remanescentes das famílias seleccionadas são utilizadas para reconstituir a população. O método "espiga a espiga" é um tipo de seleção de meios irmãos e tem sido amplamente utilizado no programa de melhoramento do milho.

Seleção de irmãos completos: Os indivíduos que têm ambos os progenitores em comum são conhecidos como irmãos completos. Os irmãos completos são produzidos através do cruzamento de plantas seleccionadas aos pares na população de origem e as sementes cruzadas são utilizadas para o teste de descendência, bem como para reconstituir a nova população de base melhorada.

Seleção de descendência autogâmica: A descendência autofecundada é produzida através da autofecundação das plantas seleccionadas da população de origem. Podem ser S1 para um ou S2 para dois cruzamentos. [nd]As descendências são avaliadas e as seleccionadas são recombinadas para constituir uma nova população melhorada, na qual pode ser realizado o ciclo de seleção de descendência.

Seleção recorrente simples: Neste método, um número de plantas com um fenótipo desejável é selecionado e semeado. No ano seguinte, as linhas de descendência das sementes autofecundadas das plantas seleccionadas e as descendências são cruzadas em todas as combinações possíveis e uma quantidade igual de sementes de cada cruzamento é composta para produzir a geração seguinte. A partir da população composta, é realizada uma ronda de seleção recorrente. A seleção recorrente é eficaz para aumentar a frequência dos genes desejáveis na população selecionada. É mais adequada para caracteres com elevada hereditariedade.

Seleção recorrente para a capacidade geral de combinação (RSGCA): No caso da seleção recorrente para a **capacidade geral de combinação**, a descendência para o teste de descendência é obtida através do cruzamento das plantas seleccionadas com um testador de base ampla (uma variedade de polinização livre, uma variedade sintética ou as gerações segregantes de um cruzamento duplo ou múltiplo). No primeiro ano, um certo número de plantas fenotipicamente excepcionais é selecionado da população de origem. Cada planta selecionada é autofecundada e cruzada com um número de plantas seleccionadas aleatoriamente de um testador com uma ampla base genética. No segundo ano, a descendência do cruzamento de ensaio é avaliada num ensaio repetido.

Seleção recorrente para a capacidade específica de combinação (RSSCA): Foi proposta por Hull (1945). O procedimento é idêntico ao da GCA, exceto que nesta é utilizada uma variedade pura como testador e não uma variedade de polinização aberta. A RSSCA ajuda a isolar de uma população as linhas que se combinam bem com uma determinada variedade pura e é útil na exploração da heterose devida à ação não aditiva dos genes.

Seleção recorrente recíproca (RRS): Foi proposta por Comstock, Robinson e Harvey em 1949 para o melhoramento de duas populações diferentes na sua capacidade de se combinarem bem uma com a outra. Duas populações geneticamente amplas (A e B), de tal forma que A serve de testador para B e "B" serve de testador para A. Este método é tão eficaz como a RSGCA quando predomina a ação genética aditiva e é tão eficaz como a RSSCA quando os efeitos não aditivos são de maior importância. A modificação destes métodos é a seleção recorrente recíproca de irmãos completos, bem como a seleção recorrente recíproca de meios irmãos.

Desenvolvimento de variedades sintéticas: Uma variedade sintética é uma variedade produzida através do cruzamento, em todas as combinações, de um certo número de linhas consanguíneas (com elevada gca que se combinam bem entre si) e uma variedade sintética é mantida por polinização aberta isolada. No milho, o desenvolvimento de variedades sintéticas inclui:

Avaliação das linhas com base na capacidade geral de combinação.

Estas linhas seleccionadas são cruzadas em todas as combinações possíveis.

Uma quantidade igual de sementes destes cruzamentos é composta para constituir um sintético.

Desenvolvimento de variedades compostas: As variedades compostas de milho são obtidas através da mistura de sementes de várias linhas fenotipicamente excepcionais e permitindo a polinização aberta entre as linhas misturadas. As linhas utilizadas para produzir uma variedade composta raramente são testadas quanto à sua capacidade de combinação.

Criação de híbridos: A exploração da heterose através de híbridos pode ser atribuída principalmente ao trabalho pioneiro efectuado por G.H. Shull e D.F. Jones. Existem vários tipos de híbridos de milho baseados em linhas consanguíneas:

Híbrido de cruzamento simples - Um híbrido de cruzamento simples é produzido através do cruzamento de duas estirpes não aparentadas que produzem híbridos F1 com melhor desempenho.

Híbrido de cruzamento de três vias - Um híbrido de cruzamento de três vias é produzido através do cruzamento de um único cruzamento com uma linha pura. Por conseguinte, envolve três linhas puras. = (A x B) xC

Híbrido de cruzamento duplo - Produzido por um cruzamento entre dois cruzamentos simples. Estão envolvidas quatro linhas puras não aparentadas = (A x B) x (C x D).

Híbrido top-cross - Cruzamento de um híbrido consanguíneo com uma variedade de polinização aberta, também conhecido como híbrido de variedade consanguínea.

Híbrido duplo top-cross - Um **híbrido** duplo top-cross é a descendência de um cruzamento simples e de uma variedade [(AxB) x variedade].

Biotecnologia no melhoramento do milho:

A utilização de técnicas moleculares tem muitas aplicações no melhoramento das culturas. A identificação de marcadores moleculares estreitamente ligados aos genes de interesse pode ser utilizada indiretamente para selecionar o alelo desejável na seleção assistida por marcadores. Podem ser utilizados para acelerar o retrocruzamento de um tal alelo ou gene ou na constituição de uma pirâmide de vários alelos desejáveis. Os marcadores podem também ser utilizados para dissecar características poligénicas nos seus componentes mendelianos ou em loci de características quantitativas. O milho foi uma das primeiras espécies de culturas importantes para a qual foi desenvolvido um mapa completo de marcadores moleculares. Uma das características mais estudadas no CIMMYT, México, é a tolerância ao stress abiótico.

No milho, foi efectuado um extenso mapeamento do genoma com base em marcadores moleculares. Os marcadores baseados no ADN, juntamente com os procedimentos convencionais de melhoramento, estão a ser utilizados para desenvolver genótipos QPM (quality protein maize) com melhor qualidade nutricional. Do mesmo modo, foram desenvolvidos marcadores para genes relacionados com a qualidade, como o Sugary-1 e o Shrunken-2, em programas de melhoramento de milho doce, de modo a incorporar esses genes em genótipos de elite genética e agronomicamente superiores através da seleção assistida por marcadores. Várias técnicas de transformação genética constituem uma ferramenta importante para a melhoria da qualidade, bem como para a introdução de genes de resistência a insectos e doenças.

Investigação futura para aumentar a produção e a produtividade do milho:

Aumento do potencial de rendimento através do melhoramento de híbridos de cruzamento simples. Os componentes do rendimento devem incluir o número de espigas, as fileiras de grãos e os grãos por fileira, o peso do teste do grão e a percentagem de descasque, aos quais deve ser dada a devida importância no esforço de aumentar o rendimento do grão. A seleção para prolificidade (plantas com mais de uma espiga) é outra caraterística potencial para aumentar a produtividade. Desenvolvimento de linhas consanguíneas vigorosas para tolerância ao stress endogâmico e melhor rendimento necessário para a produção de sementes.

Estabilidade do desempenho dos híbridos em condições agro-ecológicas variadas e stresses bióticos, especialmente em condições de stress hídrico. Os traços úteis para a resistência à seca incluem a pequena borla masculina, a pequena área foliar, a profligação, o alongamento das folhas, a tolerância ao calor e o elevado teor de ácido abscísico. Desenvolvimento de híbridos e compostos com um nível mais elevado de resistência/tolerância a stresses bióticos, o que é possível através da identificação de estirpes com resistência múltipla a doenças e pragas.

Desenvolvimento de milho de qualidade proteica com teores mais elevados de aminoácidos essenciais, lisina e triptofano.

O elevado teor de óleo é também um objetivo importante para alguns programas de melhoramento de milho, uma vez que o óleo de milho tem um valor industrial mais elevado. Devido ao aumento da procura de produtos especializados, é necessário criar variedades/híbridos para a saúde, nutrição e sabor dos seres humanos e dos animais vivos.

O milho transgénico tem de se tornar realidade no país, com um maior teor de amido, óleo e proteínas.

SORGO *(Sorghum bicolor)* 2n = 2x = 20

O sorgo é uma das culturas alimentares mais importantes nas regiões tropicais semi-áridas. Origem: S.E. África

Progenitor do sorgo: *S.arundinaceum*

Distribuição: Várias raças terrestres, formas selvagens encontradas no sudeste de África, dizem que a origem é a Etiópia, em África, de onde se espalhou para outras partes do mundo. É cultivada em África, no sul e no centro da Índia.

A classificação mais recente foi efectuada por Harlan e De Wet (1972).

Bicolor (B): Grão alongado, glumas que envolvem o grão, que pode estar completamente coberto ou ¼ exposto.

***Guiné* (G): Grãos achatados dorso-ventralmente.** *Caudatum (C):* grãos assimétricos, glumas com 1/2 do comprimento do grão.

***Kaffir* (K):** Grãos simétricos (esféricos), glumas apertadas de comprimento variável.

***Durra* (D):** Grãos arredondados obovados, em forma de cunha na base e mais largos ligeiramente acima do meio; glumas muito largas.

De acordo com eles, o sorgo cultivado *Sorghum bicolor* é dividido em cinco raças básicas com base na cobertura da gluma no grão.

Objectivos da criação:

Alto rendimento de grãos

Elevado rendimento forrageiro

Melhoramento genético de sorgo não-lodging.

Genótipos de duplo objetivo com elevado potencial de biomassa de cereais e forragem por unidade de tempo.

Maturidade precoce

Resistência a stresses bióticos (doenças como bolor do grão, míldio, ferrugem, míldio foliar, manchas foliares, etc.)

Resistência / Tolerância a insectos como a mosca do rebento, a broca do caule, o mosquito da galha, etc.

Resistência a stresses abióticos como a salinidade e a seca, com resistência a um baixo teor de HCN.

Reprodução para caracteres de qualidade como o teor de proteína e lisina do grão vermelho para fabrico de pão e biscoitos.

Reprodução para características especiais como o sorgo doce e a resistência à striga.

Isolar fontes alternativas de linhas macho-estéreis genéticas citoplasmáticas.

Processo de criação:

O sorgo é frequentemente uma cultura de polinização cruzada. Assim, para manter a pureza varietal, é necessária uma distância de isolamento de 400 metros. Em comparação com outras culturas frequentemente polinizadas, como a grama vermelha, a manutenção de inbreds é fácil no sorgo. A pureza genética pode ser mantida através da colocação de papel castanho e da autofecundação.

Introdução: Variedades de milho e sorgo kafir introduzidas dos EUA são utilizadas no programa de conversão para converter as variedades locais de longa duração e foto-sensíveis em linhas de curta duração e não foto-sensíveis.

Seleção : As variedades antigas como Co1, Co2, Co4 são todas selecções feitas a partir de raças locais.

Hibridação e seleção

Inter varietal: (IS 4283 x Co 21) x CS 3541, derivado de cruzamento triplo Co 25 (MS 8271 x IS 3691) - derivado de cruzamento simples Co26

Interespecífico: **Melhoramento da heterose**: Utilização de linhas CMS CSH 5 2077 A x CS 3541

Mutação de reprodução: mutante de raios X de CSV 5 (148) e Co 19 é um mutante natural de Co 2

Método de cruzamento de costas :

Seguindo o método de retrocruzamento, foi iniciado um programa de conversão de sorgo. O germoplasma fotossensível de longa duração foi convertido em sorgo fotossensível de curta duração. Isto foi feito nos EUA. Programa semelhante foi feito também no ICRISAT.

Melhoria da população :

Com a utilização da esterilidade masculina genética citoplasmática, bem como da esterilidade masculina genética, podemos avançar para o melhoramento da população. As raças locais podem ser usadas como polinizadores e, através da seleção de famílias de meios irmãos, podemos isolar linhas. Podemos seguir a ideia de seleção recorrente para desenvolver raças superiores.

Utilização de linhas apomíticas :

Foram identificadas algumas linhas apomíticas que podem ser utilizadas no programa de melhoramento e, através da propagação vegetativa, podemos fixar a heterose. Por exemplo, R473 de Hydrabad.

Centros de criação:

O trabalho internacional de melhoramento do sorgo é efectuado pelo ICRISAT (International Crop Research Institute for Semi Arid Tropics). Na Índia, na Direção de Investigação do Sorgo (DSR), Hyderabad

Realizações práticas: Os híbridos são desenvolvidos utilizando a esterilidade genética citoplasmática combinada com o kafir 60 Variedades: CSV1 CSV-2, CSV-4, M35-1, CSV-13

Híbridos: CSH-1, CSH-2, 3, etc., para a *quharif* e CSH 7, 12, 13 para a *Rabi*

MILHO DE PÉROLA *(Penisetum americanum)*

(Bajra - painço de junco) (2n=14)

O milho-miúdo, também conhecido como Bajra, é uma importante cultura alimentar das regiões tropicais semi-áridas. Também é cultivado como cultura forrageira.

Origem: África Ocidental

Distribuição: África, Índia, Paquistão, Sudeste Asiático, EUA e Europa. O *Pennisetum glaucum* cultivado pertence à secção penicillaria.

Progenitores :. *Pennisetum purpureum;. P.qumulatum;. P. orientale*

Objectivos da criação :

Melhoramento genético para um rendimento elevado de grãos

Para obter rendimentos elevados, são necessários os seguintes caracteres vegetais: maior número de perfilhos, panícula longa e compacta, grãos pesados, uniformidade de maturação. Em condições de irrigação, a fotoinsensibilidade e a maturidade precoce são essenciais para o cultivo múltiplo e em consociação.

Melhoramento genético para uma melhor qualidade do grão:

Pode ser conseguido através da incorporação de endosperma amarelo para melhorar o teor de vitamina A ou de endosperma branco para melhorar o teor de proteínas.

Melhoramento genético para tolerância à seca :

Isto pode ser conseguido através da evolução de linhas com uma duração mais curta para que possam escapar à seca, linhas com mais raízes adventícias, linhas com elevado potencial hídrico foliar e elevado índice de estabilidade da clorofila.

Reprodução para resistência a doenças:

O míldio é a principal doença. Seguem-se o ferrugem e o carvão. Ultimamente, a ferrugem na fase tardia está também a tornar-se um grande problema. Observa-se que as linhas com citoplasma local de Bellary (732 A) são resistentes ao míldio.

Melhoramento genético para a obtenção de uma fonte alternativa de citoplasma em linhas macho-estéreis:

A Tift 23 A original, desenvolvida em Tifton, Geórgia, é muito suscetível ao míldio. Por este facto, a série HB deixou de ser cultivada. A variedade autóctone 732 A, obtida em Bellary, é resistente. A1, A2, A3 e A4 estão presentes. 732 A pertence ao citoplasma A4.

Criação de raças com elevado valor forrageiro :

O cumbu forrageiro deve ter os seguintes caracteres.

elevado teor de açúcar no sumo do caule.

Aumento do número de folhas com maior amplitude.

Digestibilidade.

Procedimentos de criação:

Introdução: Bajra híbrida do Punjab. Tift 23 A dos EUA

Seleção: Seleção de linhas puras: Co 2, Co 3, Hibridação

Hibridação interespecífica. Híbridos de *Pennisetum glaucum* x *P.purpureum* Cumbu napier.

Criação de heterose : Híbridos de bajra

Em tempos anteriores à identificação de linhas macho-estéreis que utilizavam a natureza protogínica, eram libertados híbridos. Os híbridos eram produzidos por sementeira de ambos os progenitores na proporção de 1:1. A descoberta da linha citoplasmática genica macho-estéril Tift 23A por Burton em Tifton, Geórgia, levou ao desenvolvimento de híbridos. Os híbridos anteriores da Índia, HB1, HB2 a HB5, foram produzidos utilizando a linha Tift 23 A. Mas, devido à suscetibilidade ao míldio, deixaram de ser cultivados. Ainda antes da descoberta das linhas CGMS por Burton, Madhava Menon e os seus colaboradores descobriram-nas em Coimbatore. Infelizmente, devido ao facto de não ter sido publicada, não foi reconhecida.

Melhoramento da população: a entrada WCC 75 do ICRISAT é um exemplo de melhoramento da população. Esta foi desenvolvida a partir de um composto mundial pelo método de seleção recorrente. Foi desenvolvido a partir de derivados de numerosos cruzamentos entre diversas fontes de germoplasma e raças terrestres nigerianas de maturação precoce conhecidas como painço Gero". Outro exemplo é o ICMV 155 do ICRISAT.

Variedades sintéticas : As variedades sintéticas são produzidas através do cruzamento isolado de um certo número de linhas testadas para a sua GCA. Por exemplo, ICMS 7703. É o resultado do cruzamento entre 7 linhas consanguíneas da Índia x cruzamentos africanos.

Criação de mutações: No IARI, o Tift 23 A foi irradiado com raios gama e o 5071 A, resistente ao míldio, foi desenvolvido. Com isto foi desenvolvido o híbrido NHB 3 (5071 A x J 104).

Centros de reprodução: International Crops Research Institute for Semi Arid Tropics (ICRISAT,) Hyderabad All Indian Pearl Millet improvement project (AIPIP) Jodhpur (Rajasthan).

Realizações práticas: Variedades: PSB - 8, PSB 15, mukta

Híbridos: HHB 45, HHB 50 de Hissan GHB 30, GHB - 27 de GujaratChina, Argentina, Austrália e planícies do sul e centro dos EUA.

GRAMA VERMELHA (*Cajanus cajan*) (2n = 22)

O feijão bóer / grama vermelha é uma importante cultura de leguminosas, a seguir ao grão-de-bico, na Índia. A Índia é o maior produtor, ou seja, 90% da produção mundial.

Origem: África e Índia

Distribuição: Índia, Uganda, Quénia, Índias Ocidentais, Birmânia, etc. Na Índia, Maharashtra, Uttar

Pradesh, Madhya Pradesh, Karnataka, Gujarat e Andhra Pradesh e na faixa irrigada em Punjab, Haryana e Rajasthan.

Progenitor: *Cajanus cajanifolius; Atylosia lineate*

Os géneros *Cajanus* e *Atylosia* têm muitas semelhanças. O género *Cajanus* tem mais de 30 espécies. A opinião é que *Cajanus* surgiu a partir de *Atylosia* . Nos ghats ocidentais, Bengala Ocidental e Orissa, as espécies de *Atylosia* são conhecidas como wildtur. Atualmente, estes genes foram incluídos em *Cajanus.*

Objectivos da criação:

Evolução de variedades de longa duração e de alto rendimento, adequadas para o sequeiro, para substituir as raças locais:

ICPL 87 - ICRISAT

Criação para um tipo de grão arrojado com uma cor desejável do revestimento das sementes

Variedade de longa duração HY 3C, com um revestimento de sementes branco opaco e grãos arrojados.

Criação para o tipo de vegetal:

As vagens verdes com sementes arrojadas são utilizadas como substituto das ervilhas verdes nalgumas zonas e são do tipo perene.

Reprodução para resistência a pragas.

A Heliothis é a principal praga, os tipos de cachos terminais são altamente susceptíveis. Todas as nossas variedades são muito susceptíveis.

Reprodução para resistência a doenças.

O mosaico da esterilidade, a podridão radicular e o míldio são doenças importantes. As espécies selvagens *Cajanus scaraboides e C.lineata* são resistentes.

Criação de raças com elevado teor e qualidade proteica

O teor médio de proteínas é de 23%. As espécies selvagens têm 27% a 29% , o revestimento de sementes vermelhas contém mais polifenóis (taninos) do que o revestimento de sementes brancas. Por isso, a preferência recai sobre o revestimento branco das sementes. O grão vermelho contém uma menor quantidade de aminoácidos com enxofre. Quando aumentamos o teor de proteínas, a quantidade destes aminoácidos é menor. Por isso, há que ter o cuidado de os aumentar.

Criação de grama-vermelha perene de alto rendimento, adequada para a cultura em parcelasProcedimentos de criação.

Introdução :

Por exemplo, a variedade de curta duração Prabhat do IARI, ICPL 87 do ICRISAT.

Pura seleção de linhas:

Os trabalhos de melhoramento anteriores baseavam-se no pressuposto de que o Redgram é uma cultura autopolinizada. No entanto, verificou-se mais tarde que se tratava frequentemente de uma cultura de polinização cruzada.

Hibridação e seleção

Seleção em massa

Melhoria da população

São utilizadas duas populações: uma é a semente parental e a outra é o pólen parental. O progenitor da semente deve ter um ou dois caracteres recessivos facilmente identificáveis e o progenitor do pólen mais genes dominantes. Os progenitores semente e pólen são semeados em filas alternadas de modo a maximizar a polinização cruzada natural. Os F1 identificados são plantados no espaço na geração seguinte S1. Na geração S2 são testadas em 3 ambientes e as melhores são recicladas ou levadas para o programa de melhoramento convencional.

Criação de mutações:

A variedade LRG-30, suscetível à murchidão, foi irradiada e a variedade resistente à murchidão foi desenvolvida como ICPL-270.

Criação de heterose:

Grama vermelha Tipo de planta ideal a) Longa duração: O genótipo que tem uma taxa de crescimento constante e tem um índice de colheita moderado. Peso elevado das sementes; vagens longas; maior número de ramos portadores de vagens.

Curta duração: De natureza anã, com ramos erectos e elevada produção de matéria seca. Elevado peso das sementes.

Vagens compridas.

Aumento do número de sementes / vagem Menos queda de flores.

Centros de reprodução:

Instituto Internacional de Investigação Agrícola para os Trópicos Semi Áridos (ICRISAT) Hyderabad.

Realização prática: Variedades: Prabhat, Vishakha, Sharada, ICPL - 87

Híbridos: ICPH - 8

SOJA ***(Glycine max)*** **2n = 40**

Uma das culturas oleaginosas mais importantes do mundo, é uma cultura milagrosa que fornece 42-45% de proteínas e 19-20% de óleo, pertencendo à família das leguminosas.

Origem: China

Distribuição: EUA, Brasil, China, Argentina e Índia.

Progenitores: *A Glycine max* é originária da *G. usuriensis e* da *G. tomentolla*

Objectivos da criação:

Melhoramento genético de variedades de curta duração e alto rendimento

O rendimento da planta de soja é determinado pelo tamanho, número de sementes por vagem e número de vagens/planta. O número de vagens/planta é determinado pelo número de nós/planta e pelo número de vagens/nó. Cada um dos componentes do rendimento acima referidos é de hereditariedade poligénica, pelo que é complexo. A duração é também determinada por vários genes. A maturidade está correlacionada com a altura da planta. As variedades precoces são de baixa estatura.

Criação de variedades adequadas para pousios de arroz:

Plantas curtas com 65 a 70 dias de duração. Adequado para o cultivo intercalar também em banana e cana-de-açúcar.

Criação para a qualidade

Cor e qualidade do tegumento das sementes - Amarelo, Preto, Castanho Verde.

Teor e qualidade do óleo Teor de proteínas

Cor do revestimento das sementes:

Pode ser amarela, verde, preta, castanha ou uma combinação de todas as cores acima referidas. Para a extração de óleo, a cor amarela é preferida devido ao seu elevado teor de óleo, enquanto as variedades de sementes pretas têm um baixo teor de óleo mas um elevado teor de proteínas.

Teor e qualidade do óleo

O teor de óleo é fortemente determinado pelo ambiente

As variedades de sementes amarelas são ricas em óleo. Carácter complexo determinado por poli genes.

Teor e qualidade das proteínas

O teor de proteínas está negativamente correlacionado com o teor de óleo, pelo que, quando se procura um elevado teor de proteínas, é necessário fazer um compromisso.

Melhoramento do tipo vegetal Melhoramento do tipo forrageiro de soja

Reprodução para tipos não destrutivos, por exemplo, Lee, Co2Reprodução para linhas resistentes ao YMV, Co 2

Métodos de criação:

Introdução: EC 39821 de Taiwan - libertado como Co1

Seleção de linha pura: Co1

Hibridação e seleção: Clark,

Criação de mutações.

Centros de reprodução:

Centro Asiático de Investigação e Desenvolvimento de Produtos Hortícolas (AVRDC) Taiwan Instituto Internacional de Agricultura Tropical (IITA) Nigéria.

Na Índia, o Centro Nacional de Investigação da Soja (NRCS) Indore (M.P)

Realizações práticas: Variedades: Bragg, Clark 63, Hardee, MACS 13, etc.

Grama preta *(Vigna mungo)* 2n = 22

Origem: Índia

Distribuição: Índia, Paquistão, Sirlanka e países do Sul da Ásia. Na Índia, Maharashtra, UP, MP, Karnataka, Gujarat A.P, Tamil Nadu e Rajasthan.

Progenitor: *Vigna mungo* var *silvestris*

Vigna radiata var sublobata - progenitor comum da grama verde e da grama preta.

Objectivos da criação:

Evolução de variedades de média duração com elevado rendimento para cultivo em sequeiro. Desenvolvimento de variedades de curta duração e de alto rendimento adequadas às condições de regadio.

Pode ser utilizada como cultura mista com algodão, curcuma As variedades de curta duração são Co2, V amban 1, 2 e 3.

Evolução de variedades de curta duração adequadas às condições de pousio do arroz Criação de variedades resistentes a doenças

Pragas : Mosca branca vetor do YMV e da lagarta comedora de folhas.

Reprodução para melhor qualidade: 24% de proteínas. Existem linhas com 27% de proteína. Estas podem ser utilizadas.

A qualidade da grama preta é determinada pelo teor de proteínas Teor de metionina 1,17% qualidade de cozedura Tempo % de sementes duras. Recuperação de Dal 70%.

Métodos de criação:

Introdução

Seleção de linha pura

Hibridação e selecçãoIntervarital

Inter específico:

Vigna mungo x *V.mungo* var.*sylvestris* - Pantnagar. Foram obtidas linhas resistentes ao YMV, mas as vagens quebram. Sugere-se um maior número de retrocruzamentos.

Vigna mungo x *V.radiata* para aumentar o comprimento das vagens e a digestibilidade. A esterilidade é o principal problema. Poucas plantas obtidas voltam à forma parental.

Criação de mutações:

Recuperação de embriões - Tentada em cruzamentos interespecíficos.

Tipo de planta ideal

Para pousios de regadio e arroz

Tipo determinado, curta duração, alta produção de matéria seca com 30 cm de altura de planta. Foto insensível.

Para condições de sequeiro

Semi-determinada, com a vagem a partir da base do caule principal; maior comprimento da vagem e maior número de sementes / vagem.

Centros de reprodução: ICRISAT, - Hyderabad

ICARDA - (International Crops for Agricultural Research in Dryland Areas) - Síria AVRDC - (Asian Vegetable Research and Development Centre)

IIPR - (Instituto Indiano de Investigação de Pulsos), Kanpur

Variedades: Grama preta : T9, T27, LBG-17, LBG-402

FRUTOS DE CASCA RIJA *(Arachis hypogcaea)* (2n = 40)

É uma importante cultura de sementes oleaginosas na Índia, cultivada em zonas subtropicais e temperadas quentes, também designada por amendoim ou noz de macaco. Contém 45-55 por cento de óleo e 25-30 por cento de proteínas. Origem: Brasil

Distribuição:

Índia, China, EUA, África, Sul e Sudeste Asiático Na Índia, Gujarath, Andhra Pradesh, Karnataka e Tamil Nadu Maharashtra, Madhya Pradesh, Rajasthan Uttar Prdesh, Punjab.

Pais putativos e origem do amendoim cultivado:

O amendoim cultivado é um alotetraplóide com genomas A e B. O género *Arachis* está subdividido em 7 secções. O amendoim cultivado pertence à secção *Arachis.* Esta secção inclui 12 espécies, das quais a *hipogaea* é a única espécie cultivada com 2n = 40. A outra é *A. monticola.*

O amendoim é popularmente conhecido como uma leguminosa imprevisível. Uma vez que as vagens nascem abaixo do solo e são geotrópicas, não podemos prever o seu desempenho antes da colheita, como no caso de outras culturas. Além disso, o amendoim é altamente influenciado pelo ambiente. Se o ambiente não for favorável, o rendimento não só será afetado como também os caracteres de qualidade. Menos boro significa uma baixa percentagem de descasque e um maior número de sementes imaturas, o stress da humidade leva a um menor rendimento, bem como à redução de grãos bem desenvolvidos. A percentagem de óleo também é influenciada pelo ambiente. O excesso de humidade leva a um maior crescimento vegetativo e à redução do rendimento. Em comparação com qualquer outra cultura aqui. A interação G x E é mais pronunciada. Para além do stress abiótico, o stress biótico também desempenha um papel importante: a ferrugem e a mancha foliar nas doenças, a lagarta vermelha peluda e a folha menor nas pragas causam grandes estragos. O rácio de multiplicação das sementes é de 1:5. Este é também um dos estrangulamentos na propagação de variedades melhoradas.

Classificação: De acordo com Smart 1961, *a A.hypogaea foi subdividida* em duas subespécies*: A.hypogaea* subsp. *Hypogaea e A.hypogaea* subsp *fastigiata*

De acordo com esta hipogaea, os dois primeiros nós produzem ramos vegetativos e os dois ramos seguintes produzem inflorescências *fastigiata* : As inflorescências nascem no segundo nó e nos nós seguintes dos ramos primários. Na Índia, os tipos cultivados são agrupados em Tipo de cacho Valência Cacho espanhol Semi propagação - Cacho *da Virgínia* Propagação - Corredor *da Virgínia.*

Objectivos da criação:

O tipo de cacho de terra seca semeado durante junho - julho é frequentemente apanhado pelas primeiras chuvas de monção N.E., o que resulta na germinação de variedades. Por isso, é necessário criar variedades com dormência. As variedades semi-dispersas são dormentes TMV 7 variedades ligeiramente dormentes, BSR.1, ALR 2 dormentes durante 15 dias. Criação de variedades de qualidade Elevada percentagem de casca > 75% Elevado teor de óleo (> 50%) TMV 10, a variedade semi-disseminada, tem 52% de óleo. O teor de óleo é altamente influenciado pelo ambiente. ALR. 2-52% de óleo. Alto teor de amêndoa madura e sã (SMK), que também é influenciado pelo ambiente. O aumento da aplicação de boro resulta numa elevada percentagem de descasque e numa elevada percentagem de SMK Variedades para fins de mesa. Amêndoa colhida à mão para o mercado de exportação. As variedades Valência são adequadas para o efeito. Criação de variedades resistentes a doenças. A ferrugem e a mancha foliar estão a causar grandes danos. Se o aparecimento da ferrugem for na fase inicial, resulta num fracasso total. A mancha foliar tardia dificulta a colheita da cultura devido à perda de folhagem. O Tomato spotted wilt virus ou Bud necrosis of late está a ganhar importância. NCAC 17090 - resistente.

Criação de variedades resistentes a pragas

Criação de variedades de curta duração (85 dias) adequadas para condições de regadio Métodos de criação:

Introdução: Todas as linhas de porca moída são introduzidas.

Seleção: Seleção de linhas puras, TMV 2 - Seleção do cacho local Gudiyatham. b) Seleção massal JL 24 da variedade Taiwan. Hibridação e Seleção Cacho x Cacho - VRI 2 (Co2 x JL 24) SSP x Cacho - VRI 3 (R 33-1 x Ah selection) *A.montícola* é utilizada para condições de casca fina e *A.villoulicarpa* para maior número de vagens.

Criação de mutações Gregory nos EUA variedades amplamente adoptadas e lançadas. Co2 EMS da POL 1, TMV 10 Mutante natural da Argentina local. TG 1 a TG 6 (Vikaram) do BARC Trombay, GNLM - Gujarat Narrow Leaf Mutant.

Centros de reprodução: ICRISAT, Hyderabad

NRCG, (Centro Nacional de Investigação do Amendoim de Junagarh)

Algodão *(Gossypium sps)* *(2n* = 2x = 26; 2n = 4x = 52)

O algodão é cultivado em regiões tropicais e subtropicais de mais de 80 países do mundo.

Origem: África Central

Distribuição: China, EUA, Índia, Paquistão, Egipto. Na Índia, Rajasthan, Maharashtra, M.P. Gujarat, A.P. Karnataka e Tamil Nadu.

Progenitores: *Gossypium africanum; G. raimondii*

Gossypium africanum - chegou à Índia através de comerciantes e viajantes e foi diferenciado em duas espécies, *G. herbaceum* e *G. arboretum*

Espécies cultivadas:Algodão asiático ou algodão do velho mundo (algodão diploide - 2n = 26)

G. arboreum , *G. herbaceum* Algodão do Novo Mundo (algodões tetraplóides - 2n = 52)

G. hirsutum - Algodão americano / de montanha

G. barbadense - Algodão do Egipto / ilha marítima

A G. hirsutum é a espécie predominante, que contribui em cerca de 90% para a atual produção mundial. Para além das espécies cultivadas, existem cerca de 46 espécies selvagens. A Índia é o único país onde todas as 4 espécies cultivadas são cultivadas para fins comerciais.

Objectivos da criação:

Elevado rendimento (mais cápsulas, cápsulas maiores e elevada percentagem de fibra)

Maturidade precoce

Qualidade superior da fibra

Melhor tipo de planta

Resistência a doenças como a murcha de fusarium, podridões, etc,

Resistência a insectos como os boll worms, Jassids, Thrips, etc,

Resistência aos stresses abióticos.

Procedimentos de criação:

Introdução: O algodão Camboja no Sul da Índia, MCU- 1

Seleção: K1 algodão reselection de SRT -1

Hibridação e seleção:

Inter varietal: MCU 5 - Derivado de cruzamentos múltiplosMCU 6 - Derivado de cruzamentos múltiplos

MCU 9 - (MCU 5 x MCU 8)

Hibridação interespecífica:

A espécie africana com linhagem *(G. africanum)* chegou à América através do oceano Pacífico e, após cruzamento com a espécie selvagem diploide sem linhagem americana *G. rarimondii,* deu origem ao algodão tetraploide. A duplicação dos cromossomas ocorreu na natureza, resultando no desenvolvimento de anfidiplóides férteis.

Reprodução por heterose:

A Índia é o primeiro país do mundo a lançar o primeiro híbrido comercial de algodão. Tanto os híbridos intra-específicos como os interespecíficos evoluíram no algodão.

Intra-específica: G.*hirsutum* x G.*hirsutum* Shankar (H4) algodão de Surat (Gujarat 67 x American nectariless).

Híbridos interespecíficos: Varalakshmi (Laxmi x SB 289E) *(hirsutum)* x *(barbadense)*

Criação de mutações:

MCU 7- Mutante irradiado com raios X de L 1143 MCU 10 - Mutante irradiado com raios gama de MCU 4

A melhoria da população foi seguida nos EUA.

Seleção recorrente : Pima S1, Pima S4 de G. *barbadense* Variedade sintética : Deltapine 15 desenvolvida na konyvllwer USA.Composto : Pima 17 de G. *barbadense.*

A biotecnologia ajudou a desenvolver o algodão transgénico com resistência à Helicoverpa. O gene resistente foi transferido da bactéria *Bascillus thuringiensis* para o algodoeiro pela Monsanto Seed Company, nos EUA.

Centros de reprodução:

Comité Consultivo Internacional do Algodão (ICAC) Instituto Central de Investigação do Algodão (CICR) Nagpur.

All India Coordinated Cotton Improvement Project (AICCIP) Variedades de Coimbatore: MCU -5, MCU - 10, K9, K10.

Híbridos:

Híbridos interespecíficos - Varalakshmi, HB 224 Híbridos intra-específicos - Dhanalaxmi, H4, H6 Algodão Desi - DH 7, DH9.

Híbridos baseados na esterilidade masculina - Suguna, PKVHY3, ARDH- 7.

Capítulo n.º: 07

Tecnologia de produção de sementes em culturas autopolinizadas, polinizadas cruzadas e vegetativamente propagadas

Os vários passos sugeridos para manter a pureza genética são os seguintes:

Proporcionar um isolamento adequado para evitar a contaminação por cruzamentos naturais ou misturas mecânicas.

Desbaste de campos de sementes antes da fase em que podem contaminar a cultura de sementes.

Testes periódicos de pureza genética das variedades.

Evitar as alterações genéticas através do cultivo de culturas em zonas de adaptação exclusiva.

Certificação das culturas de sementes para manter a pureza genética e a qualidade das sementes.

Adoção do sistema de geração.

Testes de crescimento.

Princípios agronómicos:

Seleção de uma região agro-climática: Uma variedade de cultura a ser cultivada para produção de sementes numa área deve ser adaptada às condições de fotoperíodo e temperatura prevalecentes nessa área.

Seleção da parcela de sementes: A parcela selecionada para a cultura de sementes deve estar isenta de plantas voluntárias, plantas infestantes e ter uma boa textura e fertilidade do solo. O solo da parcela de sementes deve estar comparativamente isento de doenças transmitidas pelo solo e de pragas de insectos.

Isolamento das culturas de sementes: A cultura de sementes deve ser isolada de outros campos próximos das mesmas culturas e de outras culturas contaminantes, de acordo com os requisitos das normas de certificação.

Preparação do terreno: Uma boa preparação do terreno ajuda a melhorar a germinação, o estabelecimento de um bom povoamento e a destruição de potenciais ervas daninhas. Também ajuda na gestão da água e numa irrigação uniforme.

Seleção da variedade: A variedade de produção de sementes deve ser cuidadosamente selecionada, deve possuir resistência a doenças, precocidade, qualidade do grão, ser mais produtiva e adaptada à região.

condições agroclimáticas da região.

Tratamento de sementes:

Em função das necessidades, podem ser efectuados os seguintes tratamentos de sementes:

Tratamento químico das sementes.

Inoculação bacteriana para as leguminosas.

Tratamento de sementes para quebrar a dormência.

Época de plantação: As culturas de sementes devem ser semeadas invariavelmente na época normal de plantação. Em função da incidência de doenças e pragas, podem ser efectuados alguns ajustamentos, se necessário.

Taxa de sementeira: São desejáveis taxas de sementeira mais baixas do que as habituais para a produção de culturas comerciais, porque facilitam as operações de desbaste e a inspeção das culturas de sementes.

Método de sementeira: O método de sementeira mais eficaz e ideal é a sementeira mecânica.

Profundidade de sementeira: A profundidade da sementeira é extremamente importante para garantir um bom desenvolvimento das plantas. As sementes pequenas devem geralmente ser semeadas a pouca profundidade, mas as sementes grandes podem ser semeadas um pouco mais fundo.

Desbaste: A desponta adequada e atempada é extremamente importante na produção de sementes. Na maior parte das culturas de campo, a desponta pode ser efectuada em muitas das seguintes fases, de acordo com as necessidades da cultura de sementes.

Controlo das ervas daninhas: Um bom controlo das ervas daninhas é o requisito básico para a produção de sementes de boa qualidade. As ervas daninhas podem causar a contaminação da cultura de sementes, para além da redução do rendimento.

Controlo das doenças e dos insectos: O controlo bem sucedido das doenças e dos insectos é outro fator importante para a produção de sementes saudáveis. Para além da redução do rendimento, a qualidade das sementes de plantas doentes e danificadas por insectos é invariavelmente má.

Nutrição: Na nutrição das culturas de sementes, o azoto, o fósforo, o potássio e vários outros elementos desempenham um papel importante para o desenvolvimento adequado das plantas e das sementes. É, portanto, aconselhável conhecer e identificar as necessidades nutricionais das culturas de sementes e aplicar fertilizantes adequados.

Irrigação: A irrigação pode ser importante na plantação de culturas de sementes em solos secos, para garantir uma boa germinação uniforme e um bom desenvolvimento das culturas. O excesso de humidade ou a seca prolongada afectam negativamente a germinação e resultam frequentemente em fracos estandes de culturas.

Colheita das culturas de sementes: É muito importante colher uma cultura de sementes numa altura que permita o máximo rendimento e a melhor qualidade das sementes.

Secagem das sementes: A fim de preservar a viabilidade e o vigor das sementes, é necessário secá-las até atingirem níveis de humidade seguros.

Armazenamento de sementes em bruto: O melhor método para semear sementes durante curtos períodos de tempo é em sacos ou sacas em edifícios comuns ou em armazéns.

Manutenção da pureza genética durante a produção de sementes:

Horne (1953) tinha sugerido os seguintes métodos para a manutenção da pureza genética;

Utilização de sementes aprovadas na multiplicação de sementes.

Inspeção dos campos de sementes antes da plantação.

Inspeção no terreno e aprovação da cultura em fases críticas para verificação da pureza genética, deteção de misturas, ervas daninhas e doenças transmitidas por sementes.

Amostragem e selagem dos lotes limpos.

Cultivo de amostras com stocks autênticos ou teste de crescimento.

Os vários passos sugeridos por Hartman e Kestar (1968) para manter a pureza genética são os seguintes;

Isolamento para evitar a fertilização cruzada ou misturas mecânicas.

Desbaste dos campos de sementes antes da plantação.

Testes periódicos de pureza genética das variedades.

Cultivar apenas em zonas adaptadas para evitar alterações genéticas na variedade.

1.**Controlo da origem da semente:** A semente utilizada deve ser da classe apropriada da fonte aprovada para a criação de uma cultura de sementes. Existem quatro classes de sementes de sementes de reprodutores, que são dadas e definidas pela Association of Official Seed Certification agency (AOSCA).

Sementes nucleares: são as sementes originais obtidas a partir de plantas individuais seleccionadas de uma determinada variedade para manutenção e purificação pelo obtentor de origem. A semente é posteriormente multiplicada e mantida sob a supervisão de um obtentor qualificado para fornecer sementes de seleção. Esta constitui a base de toda a produção posterior de sementes. A pureza genética e a pureza física são as mais elevadas.

Semente de reprodutor: Esta é a descendência da semente do núcleo multiplicada em grande área sob a supervisão de um criador de plantas e monitorizada por um comité. Fornece sementes com um grau de pureza física e genética de cem por cento para a produção da classe de fundação. O certificado de cor amarela dourada é emitido para esta categoria pelo organismo de produção.

Sementes de base: Progénie de sementes de reprodutores manuseadas por agências reconhecidas de produção de sementes nos sectores público e privado, sob a supervisão da Agência de Certificação de Sementes, de forma a que a sua qualidade seja mantida de acordo com a norma prescrita. A agência de certificação de sementes emite uma certificação de cor branca para as sementes de classe de fundação. As sementes de base são adquiridas pela Seed Corporation aos produtores de sementes. As sementes de base podem voltar a ser multiplicadas pela Seed Corporation em caso de escassez com normas de certificação de sementes semelhantes.

Sementes certificadas: Progénie de sementes de fundação produzidas por cultivadores de sementes registados sob a supervisão da Agência de Certificação de Sementes, mantendo a qualidade das sementes de acordo com as normas mínimas de certificação de sementes. A Agência de Certificação de Sementes emite um certificado de cor bleu (Shade ISI No. 104, azul-celeste).

Exigência da cultura anterior: Esta exigência foi fixada para evitar a contaminação por plantas voluntárias e também por doenças transmitidas pelo solo.

Isolamento: O isolamento é necessário para evitar o cruzamento natural com outros tipos indesejáveis, com tipos não existentes nos campos e com misturas mecânicas aquando da sementeira, da debulha, da transformação e da contaminação por doenças transmitidas por sementes provenientes de campos vizinhos. A proteção contra estas fontes de contaminação é necessária para manter a pureza genética e a boa qualidade das sementes.

Plantas voluntárias de culturas anteriores

Plantas doentes:

As plantas fora do tipo devem ser arrancadas das parcelas de sementes antes de libertarem pólen e de ocorrer a polinização. Para o efeito, é necessária a supervisão regular de pessoal qualificado.

Certificação de sementes: A pureza genética na produção de sementes é mantida através de um sistema de certificação de sementes. O principal objetivo da certificação de sementes é disponibilizar sementes de boa qualidade aos agricultores. Para o efeito, pessoal qualificado e formado da SCA efectua inspecções no terreno em fases adequadas do crescimento das culturas. Fazem também a inspeção das sementes, recolhendo amostras dos lotes de sementes após a transformação. A SCA verifica os padrões do campo e das sementes e o lote de sementes deve ser confirmado para obter a aprovação como semente certificada.

Teste de germinação: as variedades cultivadas para a produção de sementes devem ser periodicamente testadas quanto à sua pureza genética através da realização do teste de germinação, para garantir que estão a ser mantidas na sua forma verdadeira. O teste GOT é obrigatório para os híbridos produzidos por emasculação e polinização manual e para testar a pureza das linhas parentais utilizadas na produção de sementes híbridas.

A inspeção no terreno é efectuada pelos inspectores da Agência Estatal de Certificação de Sementes para examinar a adequação da cultura à certificação. O principal objetivo da inspeção no terreno é examinar:

Distância de isolamento

Percentagem de tipos de off

Sementes de ervas daninhas que não podem ser objectivadas

Incidência de doenças e insectos

Estado geral das culturas

Os tipos estranhos não devem ser superiores à norma máxima prescrita para a cultura. O máximo de plantas fora do tipo na parcela de sementes de fundação e sementes certificadas é permitido de 0,05-1%, dependendo da espécie.

O número de inspecções no terreno varia de 2 a 4, consoante a espécie de cultura. No caso das culturas autopolinizadas, quando se efectuam apenas duas inspecções, uma é feita antes da floração e a outra antes da colheita. No caso de três inspecções de campo, como nas culturas de polinização cruzada, uma é feita antes da floração e outra antes da colheita.

floração, a segunda no momento da floração e a terceira antes da colheita. No caso de quatro inspecções, como nas culturas de variedades híbridas, uma é efectuada antes da floração, uma no momento da floração e duas entre a floração e a colheita.

Minimum Inspections	Name of the Crops
Two	Wheat, Triticale, barley, rice, black gram, green gram, soybean, chickpea, lentil, pigeon pea, cotton, sunflower, linseed, cowpea, cluster bean etc.
Three	Pearlmillet (varieties), sorghum (varieties), sesame, rapeseed and mustard, brinjal, chilli, carrot, radish, turnip, tomato etc.
Four	Maize (hybrids), sorghum (hybrids), pearlmillet (hybrids), cauliflower etc.

Tabela: Número mínimo de inspecções de campo necessárias para a certificação em diferentes culturas

Tecnologia de produção de sementes em culturas de polinização cruzada:

O híbrido é produzido pelo cruzamento entre dois progenitores geneticamente diferentes. O pólen do progenitor masculino (progenitor polínico) polinizará, fertilizará e colocará sementes no progenitor feminino (progenitor seminal) para produzir sementes híbridas F1. Para a produção de um híbrido é importante o cruzamento entre dois progenitores, o processo de cruzamento resultará em heterose. Nas culturas autopolinizadas é difícil cruzar, mas nas culturas de polinização cruzada é mais fácil. Na natureza, para criar variabilidade genética e para uma maior adaptação a diferentes condições ambientais, as plantas com flores adoptaram muitos mecanismos de polinização cruzada. A polinização cruzada resulta em heterogeneidade genética e apresenta adaptações mais amplas. As plantas com flores desenvolveram uma série de dispositivos para incentivar a polinização cruzada.

Diclinia: As flores são unissexuais. Nas plantas monóicas, as flores masculinas e femininas nascem na mesma planta (Cucurbitáceas, Milho, Rícino e Côco). Nas plantas dióicas, as flores masculinas nascem em plantas diferentes (papaia, cannabis e amora).

Dicogamia: O tempo de deiscência da antera e a recetividade do estigma são diferentes, forçando-os à polinização cruzada. O intervalo de tempo entre os dois pode variar de um dia a muitos dias. Na protoandria, as anteras deiscem mais cedo do que a recetividade do estigma (milho e girassol). Na protoginia, o estigma torna-se recetivo mais cedo do que a antera se desprende (milho-miúdo e Mirabilis).

Auto-incompatibilidade: a auto-fecundação é evitada através do reconhecimento do pólen pelo estigma (Brassica, Petunia, Lilium).

Herkogamia: existe uma separação espacial entre as anteras e o estigma. A sua posição relativa é tal que a auto-fecundação não pode ocorrer. O estigma projecta-se para além das anteras, pelo que o pólen não pode pousar no estigma. O estigma da luzerna é coberto por uma película de cera. O estigma não se torna recetivo até que esta membrana cerosa seja quebrada pela visita de abelhas, resultando em polinização cruzada.

Esterilidade masculina: Ausência ou atrofia ou má formação do órgão sexual masculino (pólen funcional) numa flor bissexual normal. A esterilidade masculina é de três tipos: esterilidade masculina genética, esterilidade citoplasmática e esterilidade masculina citoplasmática-genética.

Responsabilidades do criador:

Desenvolver linhas consanguíneas

Identificação de linhas parentais específicas

Desenvolver um sistema de controlo dos pólenes

Principais problemas para os criadores e produtores

Manutenção de linhas parentais

Separação dos órgãos reprodutores masculinos e femininos

Polinização

Características das linhas parentais:

Female Parent	Male Parent
High seed yield	Good pollen production
Good seed characteristics	Plant height
Male sterility	Long shedding period
Lodging resistant	Fertility restoration

Procedimentos básicos para a produção de sementes híbridas

Desenvolvimento e identificação de linhas parentais

Multiplicação das linhas parentais

Cruzamento entre linhas parentais e produção de F1

Métodos de produção comercial de sementes híbridas

Emasculação manual e polinização

Auto-incompatibilidade

Esterilidade masculina

Diclinia: monóica e dióica

Emasculação e polinização das mãos:

As sementes híbridas são produzidas manualmente, modificando a estrutura da planta através da remoção do órgão masculino da planta feminina antes da antese. Este sistema só é possível quando as partes masculina e feminina de uma mesma flor ou planta estão separadas. Este sistema é adotado nas flores perfeitas bissexuais, onde o androecium é removido com o caso. Ao remover a coluna de anteras ou a parte masculina da linha feminina, a esterilidade da linha feminina é criada e é polvilhada com o pólen do progenitor masculino desejado.

Incompatibilidade pessoal:

A auto-incompatibilidade é um mecanismo que evita a auto-fecundação através do reconhecimento do pólen no estigma do pistilo feminino. Mas quando o pólen de outra planta transportado pelo vento ou por insectos é aceite e dá origem a sementes. A auto-incompatibilidade evita a autopolinização (endogamia) e promove a polinização cruzada (out crossing) e cria variabilidade genética.

Esterilidade masculina:

A produção de híbridos requer uma planta fêmea na qual não são gerados gâmetas masculinos viáveis. A emasculação é feita para tornar uma planta desprovida de pólen, de modo a torná-la feminina. Outra maneira simples de estabelecer uma linha feminina para a produção de sementes híbridas é identificar ou criar uma linha que não seja capaz de produzir pólen viável. Esta linha macho-estéril é, portanto, incapaz de se autopolinizar e a formação de sementes depende do pólen da linha macho.

Nas flores hermafroditas, os pólens não funcionam ou são inactivos ou estéreis, enquanto os gâmetas femininos funcionam normalmente. É a incapacidade da planta de produzir ou libertar pólen funcional como resultado de uma falha na formação ou desenvolvimento de estames, micrósporos ou gâmetas funcionais. A esterilidade masculina pode ser genética ou citoplasmática ou citoplasmática-genética. Esta impede a autogamia e permite a polinização cruzada. A esterilidade é devida a genes nucleares ou citoplasmáticos ou a ambos. No processo de produção de sementes híbridas, a fêmea é uma linha macho-estéril cruzada com uma linha restauradora da fertilidade masculina para obter o híbrido F-1.

Diclinia: monóica e dióica:

Monóica: As flores são unissexuais e estão presentes em diferentes posições na mesma planta (por exemplo, pepino). As flores terminais são flores masculinas. No meio da planta estão as femininas, favorecendo a polinização cruzada.

Dióica: As flores masculinas e as flores femininas encontram-se em plantas diferentes.

A expressão sexual em plantas dióicas e monóicas é determinada geneticamente e pode ser modificada em grande medida por factores ambientais e introduzidos, como o fotoperíodo, a temperatura, a nutrição mineral e as fito-hormonas. Entre estes, as fito-hormonas foram consideradas os agentes mais eficazes para a modificação do sexo e o seu papel na regulação da expressão sexual em plantas com flor foi documentado.

Capítulo n.º: 08

Tecnologia de produção de sementes híbridas de arroz, milho, sorgo, milho-miúdo e feijão-frade Produção de sementes híbridas de arroz;

O vigor híbrido no arroz foi registado pela primeira vez por Jones (1926). Este facto levou à especulação sobre a produção de arroz híbrido através da utilização da esterilidade masculina citoplasmática. A maior parte do arroz japonica tem citoplasma normal, mas foram identificadas variedades *indica* com citoplasma estéril e sistema de restauração da fertilidade. No entanto, têm sido encontradas dificuldades na obtenção de um número suficiente de sementes por polinização cruzada para tornar a produção de sementes de arroz híbrido economicamente viável. Após a execução do projeto PNUD/FAO intitulado "Desenvolvimento e utilização da tecnologia do arroz híbrido na Índia", a produção de arroz híbrido na Índia tornou-se uma história de sucesso.

As sementes de arroz híbrido foram produzidas utilizando o sistema de três linhas (esterilidade masculina genica citoplasmática). Os dois genes Rfl e Rf2 são os genes para a restauração da fertilidade.

O processo de produção de arroz híbrido envolve o fornecimento contínuo de linhas macho-estéreis citoplasmáticas agronomicamente melhoradas (A), linhas de manutenção (B) e linhas de recuperação da fertilidade (R) no sistema. As linhas mantenedoras e restauradoras são mantidas por autofecundação, enquanto a linha CMS e as sementes Fl são produzidas com esforços para aumentar a polinização cruzada no campo. F e S referem-se a citoplasma fértil e estéril. Rf e rf são genes restauradores e não restauradores da fertilidade, respetivamente

Técnica de produção de sementes de arroz híbrido Para que a produção de arroz híbrido seja bem sucedida, devem ser tidos em conta os seguintes pontos

Escolha do terreno : Solo fértil, sistema de irrigação e drenagem protegido, luz solar suficiente. Sem problemas graves de doenças e insectos.

Isolamento: Para assegurar a pureza da semente híbrida e evitar a polinização por pólen indesejável, o isolamento é obrigatório. a) Isolamento espacial: Não devem ser cultivadas outras variedades de arroz, exceto o pólen parental, a uma distância de 100 m. b) Isolamento temporal: é praticado um tempo superior a 20 dias (a fase de desenvolvimento de outra variedade a uma distância de 100 m deve ser 20 dias mais cedo ou mais tarde em relação à linha MS). c) Barreiras de isolamento: Características topográficas, como lote de madeira, culturas altas a uma distância de 30m / obstáculos artificiais (folha de plástico) acima de 2m de altura.

Condições climáticas favoráveis para uma floração normal são (i) Temperatura média 24-28°C (ii) Humidade relativa 70-80% (iii) Diferença de temperatura entre o dia e a noite

8-10°C. (iv) Sol suficiente (v) Brisa suficiente.

Sincronização da floração Uma vez que a produção de sementes na linha MS depende da polinização cruzada, é muito importante sincronizar a data de floração dos progenitores masculinos e femininos. Além disso, a fim de prolongar o tempo de fornecimento de pólen, o progenitor masculino é geralmente semeado duas ou três vezes com um intervalo de 5-7 dias.

Razão de linhas, direção das linhas e padrão de plantação A razão de linhas refere-se à razão entre o número de linhas do progenitor masculino e o do progenitor feminino no campo de produção de sementes híbridas. A disposição do rácio de linhas depende (i) da duração do crescimento da linha R (ii) do vigor do crescimento da linha R (iii) da quantidade de pólen libertado e (iv) da altura da planta da linha R.

A linha R deve ter pólen suficiente para fornecer, a direção da linha deve ser quase perpendicular à direção dos ventos prevalecentes na fase de crescimento para facilitar a polinização cruzada. Na prática, a proporção de linhas de 2:8 é atualmente muito utilizada na produção de sementes de híbridos *Indica*. Geralmente, a linha R é transplantada com duas a três plântulas por colina e separadas por um espaçamento de 15 cm de planta para planta, 30 cm de uma linha de restaurador para outra e 20 cm da linha CMS.

Corte de folhas, aplicação de giberelinas e polinização suplementar Estas técnicas são muito eficazes para aumentar a taxa de cruzamento.

Corte das folhas: As folhas mais altas que as panículas são os principais obstáculos à polinização cruzada e, por isso, devem ser cortadas. Geralmente, o corte das folhas é efectuado 1 a 2 dias antes da fase inicial do vingamento, e mais de 2/3 das lâminas das folhas bandeira são cortadas a partir do topo.

Aplicação de giberelina (GA3): A GA3 pode ajustar o metabolismo fisiológico e bioquímico da planta de arroz e ajuda na produção de sementes híbridas, estimulando o alongamento de células jovens. Na maioria das linhagens CMS, cerca de 20-30% das espiguetas de uma panícula estão dentro da bainha da folha bandeira (o exercício é de apenas 70%).

Vantagem da aplicação do GA3:

Aumenta a exaustão da panícula e do estigma

Acelerar o crescimento dos perfilhos tardios e aumentar os perfilhos efectivos

O ângulo da folha da bandeira é aumentado

Reduz os grãos não preenchidos

Melhora a fixação e o rendimento das sementes

TÉCNICA DE PRODUÇÃO DE SEMENTES HÍBRIDAS DE MILHO

Desenvolvimento de híbridos:

Os híbridos são a primeira geração (F1) de um cruzamento entre duas linhas puras, variedades de polinização aberta ou clones que são geneticamente diferentes. A maioria dos híbridos comerciais são F1s de duas ou mais linhas puras (tomate, arroz, Jowar) ou linhas consanguíneas (milho, girassol, rícino, etc.) Linha pura: É a descendência de uma única planta homozigótica autofecundada.

Criação de híbridos: A exploração da heterose através de híbridos pode ser atribuída principalmente ao trabalho pioneiro efectuado por G.H. Shull e D.F. Jones. Vários tipos de híbridos de milho baseados em linhas consanguíneas são:

Híbrido de cruzamento simples - Um híbrido de cruzamento simples é produzido através do cruzamento de duas estirpes não aparentadas que produzem híbridos F1 com melhor desempenho.

Híbrido de cruzamento de três vias - Um híbrido de cruzamento de três vias é produzido através do cruzamento de um único cruzamento com uma linha pura. Por conseguinte, envolve três linhas consanguíneas = (A x B) x C.

Híbrido de cruzamento duplo - Produzido por um cruzamento entre dois cruzamentos simples. Estão envolvidas quatro linhas puras não aparentadas = (A x B) x (C x D).

Híbrido top-cross - Cruzamento de uma variedade consanguínea com uma variedade de polinização aberta, também conhecido como híbrido de variedade consanguínea.

Híbrido duplo top-cross - Um duplo top-cross é a descendência de um cruzamento simples e de uma variedade [(Ax B) x variedade].

Linha consanguínea: É uma linha quase homozigótica obtida através de cruzamentos consanguíneos contínuos numa cultura de polinização cruzada seguida de seleção.

Cruzamento superior: quando uma linhagem pura é cruzada com uma variedade de polinização aberta, é conhecido como cruzamento de variedade pura ou cruzamento superior. O objetivo do cruzamento superior é estimar a GCA da linha pura cruzada com a OPV. Quando o cruzamento é efectuado para avaliar a capacidade de combinação, é conhecido como cruzamento de ensaio. Um cruzamento de teste pode ser efectuado com uma linha pura (para SCA), híbrida, sintética ou OPV (para GCA). O progenitor comum utilizado no cruzamento de ensaio é conhecido como testador e a descendência derivada destes cruzamentos é conhecida como descendência de cruzamento de ensaio.

Policruzamento: É a descendência de uma linha produzida através da polinização aleatória por um número de linhas seleccionadas.

Cruzamento de variedades: Quando duas variedades de polinização aberta são cruzadas, dá-se o nome de cruzamento varietal ou cruzamento populacional.

História dos híbridos: Os híbridos foram explorados comercialmente pela primeira vez no milho porque a capacidade de produção dos OPV não podia ser melhorada através da seleção em massa ou da seleção da descendência. Em 1878, Beal demonstrou que certos cruzamentos varietais apresentavam uma heterose substancial e sugeriu que esses híbridos varietais poderiam ser utilizados como variedades. Em 1908, Shull sugeriu um método para a produção de híbridos de cruzamento simples em milho. Sugeriu que os inbreds deveriam ser desenvolvidos a partir de OPV através de auto-fertilização contínua. Os consanguíneos que se combinassem para produzir híbridos superiores deveriam então ser cruzados para produzir híbridos de cruzamento simples.

O esquema de Shull não pôde ser explorado comercialmente devido às seguintes razões:

Não existiam linhas puras excepcionais para produzir híbridos com rendimentos superiores aos do OPV.

Uma vez que o progenitor feminino era consanguíneo, a quantidade de semente híbrida produzida por hectare era baixa (30-40 % do OPV), pelo que a semente híbrida era cara. O progenitor masculino também era consanguíneo, pelo que a produção de pólen era fraca, pelo que era necessário plantar mais área com o progenitor masculino. Este facto tornou as sementes híbridas mais caras.

Desenvolvimento de linhas consanguíneas: As linhas puras são desenvolvidas através da auto fertilização contínua de uma espécie de polinização cruzada. A consanguinidade de uma OPV conduz a muitas deficiências como a perda de vigor, a redução da altura das plantas, as plantas tornam-se susceptíveis ao acamamento, aos insectos e às pragas e surgem muitos outros caracteres indesejáveis. Após cada autofecundação, as plantas desejáveis são seleccionadas e autopolinizadas ou polinizadas por irmãos. Normalmente são necessárias 6-7 gerações para atingir uma homozigotia próxima. Uma linha consanguínea pode ser mantida por autofecundação ou sibling. O objetivo da consanguinidade é fixar os caracteres desejáveis em condições homozigóticas de modo a mantê-los sem qualquer alteração genética.

A planta original autofecundada é geralmente designada por planta S0 e a primeira progenitura autofecundada por S1, a segunda progenitura autofecundada por S2 e assim sucessivamente. A técnica de consanguinidade requer uma atenção cuidadosa para evitar o cruzamento natural. As linhas puras são identificadas por números, letras ou uma combinação de ambos. Na Índia, as linhas puras são desenvolvidas e libertadas através do programa coordenado de melhoramento do milho e são designadas por CM (Co-ordinate maize), CS (Co-ordinate sorghum), etc.

Avaliação das linhas puras: Após o desenvolvimento de uma linha pura, esta é cruzada com outras linhas puras e é avaliada a sua produtividade em combinações cruzadas simples e duplas. A capacidade de uma linha pura para transmitir um desempenho desejável aos seus descendentes híbridos é designada por capacidade de combinação.

GCA: O desempenho médio de uma linha pura numa série de cruzamentos com outras linhas pura é conhecido como GCA.

SCA: o desempenho excessivo de um cruzamento para além do desempenho esperado com base na GCA dos progenitores é conhecido como capacidade específica de combinação.

Avaliação fenotípica; Baseia-se no desempenho fenotípico das próprias estirpes. É eficaz para os caracteres que são altamente hereditários, ou seja, com alta GCA. As estirpes com fraco desempenho são rejeitadas. O desempenho das estirpes é testado em ensaios de produção replicados e as estirpes com fraco desempenho são rejeitadas.

Teste Top Cross: as linhagens puras, que são seleccionadas com base na avaliação fenotípica, são cruzadas com um testador com uma base genética ampla, por exemplo, um OPV, uma variedade sintética ou um cruzamento duplo. Uma forma simples de produzir sementes de cruzamento superior em milho consiste em plantar linhas alternadas do testador e da linha pura, devendo a linha pura ser desassoreada. A semente da linha pura é colhida e representa a semente top cross. O desempenho da descendência do cruzamento superior é avaliado em ensaios de rendimento replicados, de preferência ao longo de locais e anos.

TÉCNICA DE PRODUÇÃO DE SEMENTES HÍBRIDAS DE ALGODÃO

Método DOAK de produção de sementes híbridas Neste método, a emasculação manual das flores é efectuada um dia antes da antese, e a polinização no dia seguinte de manhã. Para maior comodidade, as variedades parentais são cultivadas nos mesmos campos na proporção de 4:1 (a emasculação e a polinização são efectuadas como descrito anteriormente).

A **utilização da linha macho estéril Cytoplamic**. genic male sterility foi desenvolvida por Vesta G. Meyer, uma cientista americana. Obteve linhas CMS através da transferência do genoma da espécie hirsutum para o citoplasma da espécie selvagem G.harknessi. Foram também desenvolvidas linhas restauradoras em hirsutum e barbadense. A esterilidade masculina génica também foi observada no algodão, mas a sua utilização é difícil devido à segregação da linha estéril numa proporção de 50:50 entre estéril e fértil e à manutenção da linha estéril ser trabalhosa. Outro tipo de esterilidade masculina é a transformação da coluna estaminal numa condição petaloide. Isto foi obtido quando o genoma de G.arboreum é transformado no citoplasma de G.anamalum.

Dificuldades práticas na utilização de linhas CMS para a produção de sementes híbridas

Falta de um gene restaurador simplesmente herdado que mantenha a fertilidade numa ampla gama de ambientes.

falta de desenvolvimento de bons combinadores que possuam citoplasma macho-estéril e fator restaurador.

Falta de um método fiável e económico para controlar a polinização por insectos vectores de pólen.

Criação de mutações MCU 7 - Mutante irradiado com raios X de L 1143 MCU 10 - Mutante irradiado com raios gama dc MCU 4.

Cultivar linhas de descendência de plantas individuais em replicação:

Examinar amostras globais destas linhas de progenitura e eliminar as linhas que não correspondem às normas fixadas durante a primeira época. É o chamado "bulk norm test". iii) Examinar as plantas individuais nas linhas de descendência seleccionadas e eliminar as plantas que não cumprem as normas. Chama-se a isto "teste de norma de planta única". Terceira época Repetir o teste de normas em massa, tal como foi feito na segunda época, e selecionar as melhores linhas. Quarta época Misturar as sementes das linhas seleccionadas, criar a parcela de multiplicação e distribuí-las.

Produção de sementes de híbridos de arroz:

O êxito da tecnologia do arroz híbrido depende da produção eficiente e económica de sementes em grande escala. Esta determina se a heterose do arroz híbrido pode ser totalmente explorada ou não. Segundo consta, o rendimento dos híbridos F1 diminuirá 0,8% quando a pureza das sementes diminuir 1%, pelo que é muito importante estabelecer um sistema sustentável de produção de sementes para garantir a pureza das sementes híbridas no desenvolvimento do arroz híbrido. Os actuais híbridos de arroz utilizados na produção comercial na Índia são desenvolvidos utilizando o sistema genético citoplasmático de esterilidade masculina e de restauração da fertilidade (sistema CMS). Este sistema envolve

três linhas: linha genético-citoplasmática macho-estéril (CMS ou linha "A"), linha de manutenção (linha "B") e linha de recuperação (linha "R") para o desenvolvimento de híbridos de arroz.

A produção de sementes híbridas utilizando o sistema CMS envolve as duas etapas seguintes. Produção da linha 'A' (A x B); e Produção de sementes híbridas (A x R).

As linhas "B" e "R" são multiplicadas da mesma forma que as variedades consanguíneas. O processo de produção de sementes de arroz híbrido, no qual duas linhas diferentes, incluindo linhas macho-estéreis (progenitoras de sementes) e linhas restauradoras (progenitoras de pólen), são plantadas alternadamente numa determinada proporção de linhas no mesmo campo e as sementes cruzadas são colhidas das plantas macho-estéreis, difere do das variedades consanguíneas, em que apenas uma linha é cultivada e as sementes autofecundadas são colhidas. Por conseguinte, em todo o processo de produção de sementes híbridas, é necessário um conjunto de técnicas complicadas centradas no aumento da taxa de cruzamento para obter um elevado rendimento de sementes.

Escolha do local: A escolha de um local desejável para a produção de sementes híbridas é muito importante. Na zona bem isolada, é essencialmente necessário um arrozal com solo fértil, um sistema de irrigação e drenagem desejado, sol suficiente e sem problemas graves de doenças e insectos.

Isolamento: Os grãos de pólen de arroz são muito pequenos e leves e podem deslocar-se muito longe com o vento. Para garantir a pureza das sementes híbridas e evitar a polinização por variedades de arroz não desejadas, as parcelas de produção de sementes híbridas devem ser rigorosamente isoladas pelos seguintes métodos.

Isolamento espacial: Um isolamento espacial de 50 - 100 m seria satisfatório para a produção de sementes híbridas, o que implica que dentro deste intervalo não devem ser cultivadas outras variedades de arroz, exceto o progenitor polínico.

Isolamento temporal: Sempre que seja difícil efetuar o isolamento espacial, um isolamento temporal de mais de 21 dias será igualmente eficaz. Significa que o estado de desenvolvimento das linhas parentais na parcela de produção de sementes híbridas deve ser 21 dias mais cedo ou mais tarde do que o de outras variedades cultivadas na vizinhança.

Isolamento de barreiras: Em alguns lugares, as características topográficas naturais, como montanhas, rios e florestas, podem servir como a barreira mais eficaz. Uma barreira de culturas com milho, cana-de-açúcar, sesbania cobrindo uma distância de 30 m também serviria o objetivo de isolamento. Uma barreira artificial com folhas de polietileno de cerca de 2 m de altura também pode ser usada para a produção de sementes em pequena escala. No entanto, os locais mais ideais são as áreas cobertas por colinas e montanhas, que actuam como barreiras naturais.

Condições climáticas favoráveis: As condições climáticas têm uma grande influência no rendimento das sementes. Para fixar as datas de sementeira, é necessário dispor de informações pormenorizadas sobre os dados climáticos de uma determinada localidade. A sementeira das linhas parentais deve ser planeada de forma a que a floração coincida com as condições climáticas mais favoráveis, que são as seguintes

Temperatura média diária de 24 - 30° C Humidade relativa de 70 - 80 %.

As diferenças entre as temperaturas diurnas e nocturnas não devem ser superiores a 8-10 °C, de preferência 5-7° C Sol suficiente com velocidade do vento moderada.

Não deve haver chuvas contínuas durante três dias durante o período de floração.

As áreas de produção de sementes perto de florestas, riachos e vales são melhores para obter uma maior produção de sementes.

Sementeira de linhas parentais na cama de sementes Lavrar corretamente o campo de sementeira. Lavrar o campo duas vezes com um intervalo de 6-7 dias para destruir as ervas daninhas, as sementes de ervas daninhas e as sementes de arroz germinadas.

Preparar canteiros elevados (5-10 cm de altura) com 1 m de largura e qualquer comprimento conveniente. Prever canais de drenagem entre as camas de sementes para escoar o excesso de água.

Aplicar o fertilizante recomendado nas camas de viveiro Semear uniformemente as sementes pré-germinadas na cama de sementes (1-2 kg de sementes/20m2).

Utilizar 15 kg de sementes da linha "A" e 5 kg de sementes da linha R$^{\lambda}$, para produzir plântulas suficientes para cultivar um hectare.

Gerir corretamente a cama de sementes para obter plântulas saudáveis e vigorosas para a transplantação. Transplante: Começar a transplantar as plântulas das linhas A e R quando estas atingirem a idade de 21-25 dias, o que garante o crescimento atempado e a floração das linhas parentais. A transplantação de plântulas mais velhas atrasa a floração e a transplantação de plântulas mais jovens antecipa a floração. Se o transplante das plântulas da linha "A" for atrasado, o transplante das plântulas da linha "R" deve ser efectuado com o mesmo número de dias, para sincronizar a floração.

Transplantação numa proporção e direção de linha específicas: Na produção de sementes de arroz híbrido, a semente parental e o pólen parental são plantados numa determinada proporção de linhas e com um determinado espaçamento. A relação entre as linhas e o espaçamento entre o pólen e a semente têm um efeito distinto no rendimento das sementes híbridas. A relação de linhas ou proporção de linhas refere-se ao número de linhas do progenitor masculino (linha R) em relação ao progenitor feminino (linha A) numa parcela de produção de sementes. Suponhamos que se plantamos 2 linhas da linha 'R' seguidas de 8 linhas de A$^{\lambda}$, , a proporção de linhas pode ser considerada como 2:8. Numa parcela de produção de sementes de arroz híbrido, o rácio recomendado entre as linhas masculinas (R) e femininas (A) é de 2:8. No entanto, a proporção de linhas pode variar de região para região, dependendo do clima, da gestão e das linhas parentais. As linhas R e A podem ser plantadas em vários rácios de linhas de 2:8; 2:12; 3:10, etc.

Factores que influenciam a relação de linhas: O rácio entre o parental de pólen (linha R) e o parental de semente (linha A) é determinado pelas características das linhas parentais.

Altura da planta do polinizador.

Crescimento e vigor do polinizador.

Tamanho das panículas e quantidade de pólen residual Duração e ângulo de abertura dos floretes nas linhas CMSExerção do estigma nas linhas CMS.

Para facilitar o cruzamento, as filas de machos e fêmeas na parcela de produção de sementes devem ser perpendiculares à direção predominante do vento prevista na altura da floração dos progenitores.

Transplantação da linha R: Transplantar as plântulas da linha R em filas emparelhadas.

Transplante de plântulas da linha 'A' em blocos de 8 linhas entre as linhas emparelhadas das linhas 'R' Transplante com 1-2 plântulas por colina a um espaçamento de 15 x 15 cm.

Deixar uma faixa de 20 cm de largura entre as filas da linha A e a fila mais próxima da linha R.

Espaços: Entre filas da linha "R": 30 cms Entre filas de linhas "A" : 15 cms Entre blocos de linhas 'R' e 'A' : 20 - 30 cms Entre colinas (linhas 'A' e 'R') : 15 cms Proporção de fileiras : 2R: 8A Sequência de transplantação: A sequência de transplantação da semente-mãe e do pólen-mãe na parcela de produção de sementes de arroz híbrido depende da duração do crescimento da semente-mãe (linha A) e do pólen-mãe (linha R)

O parental de sementes (linha A) tem uma duração de crescimento 10 dias mais longa do que o parental de pólen (linha R): Transplante de plântulas da linha 'A' com 25 dias de idade, 10 dias antes das plântulas da segunda linha 'R'. As plântulas da linha R são transplantadas quando as plântulas da segunda sementeira da linha R tiverem 25 dias de idade. Nessa altura, a idade das plântulas da primeira sementeira da linha R será de 21 dias e a idade das plântulas da terceira sementeira da linha R será de 29 dias.

S. No.	Seed/pollen parent	Seeding sequence	Seedling age for transplanting (days)
1	A line	0 day	25
2	First R line	6th day	21
3	Second R line	10th day	25
4	Third R line	14th day	29

Tabela - 1: Sequência de sementeira e idade das plântulas para transplante

O parental de semente (linha A) tem uma duração de crescimento 10 dias mais curta do que o parental de pólen (linha R): As plântulas da linha R são transplantadas quando as plântulas da segunda sementeira da linha R tiverem 25 dias de idade. Nesta altura, a idade das plântulas da primeira sementeira da linha R será de 21 dias e a idade das plântulas da terceira sementeira da linha R será de 29 dias. Transplantar posteriormente as plântulas da linha A com 25 dias de idade 10 dias mais tarde do que as plântulas da segunda linha R.

Roguing: A pureza das sementes de arroz híbrido utilizadas na produção comercial deve ser superior a 98%. Para cumprir este requisito, a pureza das linhas restauradoras e CMS deve ser superior a 99%. Por conseguinte, para além de assegurar um isolamento rigoroso, é necessário eliminar todos os "rogues" das parcelas de produção de sementes. O rogue é a remoção de plantas de arroz indesejáveis das parcelas de produção de sementes híbridas. As plantas de arroz indesejáveis são as plantas das linhas A ou R que diferem das plantas que são fiéis ao tipo. A remoção das plantas indesejáveis ajuda a evitar que as plantas fora do tipo façam polinização cruzada com as plantas da linha A, aumentando assim a pureza da semente híbrida. As plantas indesejáveis provêm de várias fontes. Podem ser plantas voluntárias da cultura anterior.

Polinização suplementar: O arroz é basicamente uma cultura de autopolinização, pelo que é necessário recorrer à polinização suplementar para aumentar o grau de cruzamento. A polinização suplementar é uma técnica que consiste em sacudir a planta-mãe para que o pólen seja libertado e efetivamente disperso pelas plantas da linha A. A polinização suplementar pode ser efectuada puxando a corda ou sacudindo a planta-mãe com a ajuda de duas varas de bambu. O momento e a frequência da polinização suplementar são muito importantes. A primeira polinização suplementar deve ser efectuada na altura do pico da antese, ou seja, quando 30-40 % das espiguetas estão abertas. Este processo é repetido 3 a 4 vezes durante o dia, com um intervalo de 30 minutos. A polinização suplementar deve ser efectuada durante 7-10 dias durante o período de floração.

Capítulo n.º: 09

CRIAÇÃO DE IDEÓTIPOS

Introdução:

É um modelo biológico que se espera que funcione ou se comporte de forma previsível num ambiente definido.

O termo ideótipo é dado por C.M. Donald (1968)

Segundo Donald: Um ideótipo de cultura é um modelo de planta que se espera que produza maior quantidade ou qualidade de grão, óleo ou outro produto útil quando desenvolvido como cultivar.

Definição de ideótipo:

Donald (1968) cunhou o termo ideótipo que se refere a um tipo idealizado de planta com uma combinação específica de características favoráveis à fotossíntese

Gallais (1983) definiu o ideótipo como um genótipo abstrato com um perfil ideal que, nas condições da prática agrícola, dará um rendimento económico máximo.

Sinónimos de Ideótipo:

Modelo tipo de instalação

Modelo ideal tipo de planta

Tipo de planta ideal

TIPO DE IDEÓTIPO VEGETAL (DONALDS):

Ideótipo de mercado:

Os traços determinam a aceitabilidade do produto no mercado. (Cor da semente, tamanho da semente, cozedura, suporte)

Ideótipo climático:

Características importantes na adaptação climática: (maturidade precoce, insensibilidade ao termoperíodo, calor e

Tolerância ao frio, tolerância à seca)

Ideótipo edáfico:

Características relacionadas com a tolerância à salinidade, toxicidade mineral ou tolerância a carências

Ideótipo do stress:

Os traços envolveram a resistência ao stress biótico e ao stress abiótico em causa.

Doença ou praga Ideótipo:

Os traços estão relacionados com a resistência às doenças e aos parasitas em causa.

Ideótipo de inseto:

Os traços envolvidos são a resistência aos insectos em causa.

Reprodução de Ideótipos: O melhoramento do ideótipo pode ser definido como um método de melhoramento de culturas que é utilizado para aumentar o potencial de rendimento genético através da manipulação genética do carácter individual da planta.

As principais características da seleção de ideótipos são apresentadas a seguir:

Ênfase na caraterística individual:

No melhoramento de ideótipos, a ênfase é dada a características morfológicas e fisiológicas individuais que aumentam o rendimento. O valor de cada carácter é especificado antes de se iniciar o trabalho de reprodução.

Inclui características que aumentam o rendimento:

Os vários caracteres da planta a incluir no ideótipo são identificados através da análise de correlações. Apenas os caracteres que apresentam uma associação positiva com a produção são incluídos no modelo.

Explora a variação fisiológica:

Existem diferenças genéticas para vários caracteres fisiológicos, como a eficiência fotossintética, a foto-respiração, a absorção de nutrientes, etc. O melhoramento de ideótipos utiliza a variação fisiológica controlada geneticamente para aumentar o rendimento das culturas, para além de várias características agronómicas.

Progresso lento:

O melhoramento de ideótipos é um método lento de desenvolvimento de cultivares, porque a incorporação de vários caracteres desejáveis de diferentes fontes num único genótipo leva muito tempo. Além disso, por vezes, as ligações indesejáveis afectam negativamente o progresso.

Seleção:

No melhoramento de ideótipos, a seleção centra-se nos caracteres individuais da planta que aumentam o rendimento

Conceção do modelo:

No melhoramento de ideótipos, o fenótipo da nova variedade a desenvolver é previamente especificado em termos de características morfológicas e fisiológicas.

Abordagem interdisciplinar:

A reprodução de ideótipos é, na verdade, uma abordagem interdisciplinar, que envolve cientistas das disciplinas de genética, reprodução, fisiologia, patologia, entomologia, etc.

Um processo contínuo:

A criação de ideótipos é um processo contínuo, uma vez que têm de ser desenvolvidos novos ideótipos para responder a uma procura crescente e em constante mudança.

PORQUE SELECCIONAMOS A CRIAÇÃO DE IDEÓTIPOS:

A seleção é centrada nos caracteres individuais das plantas.

O melhoramento de ideótipos inclui vários caracteres morfológicos, fisiológicos e bioquímicos das plantas.

O valor de cada caraterística é definido antecipadamente.

O fenótipo da nova variedade a desenvolver é especificado antecipadamente.

Diferenças entre o melhoramento tradicional e o melhoramento com ideótipo.

Traditional breeding	Ideotype breeding
The main objective is defined before initiating the breeding work	The conceptual theoretical model is prepared before initiation of breeding work.
Selection is focused on yield and some other characters.	Selection is focused on individual plant characters
It usually includes various morphological and economic characters	It includes various morphological, physiological and biochemical plant characters.

Características dos ideótipos de culturas:

O ideótipo de uma cultura consiste em vários traços morfológicos e fisiológicos que contribuem para um maior rendimento ou um rendimento superior ao das cultivares atualmente existentes. As características morfológicas e fisiológicas do ideótipo de uma cultura diferem de uma cultura para outra e, por vezes, dentro de uma mesma cultura, dependendo do facto de o ideótipo ser necessário para a cultura de regadio ou de sequeiro. Os tipos de plantas ideais ou plantas-modelo foram discutidos em várias culturas como o trigo, o arroz, o milho, a cevada, o algodão e o feijão. As características importantes do ideótipo de algumas culturas são:

Trigo

O termo ideótipo foi cunhado por Donald em 1968, num trabalho sobre o trigo. Ele propôs um ideótipo de trigo com as seguintes características principais:

Presença de arvores: Os toldos contribuem para a fotossíntese.

Um único caule:

O conceito de tipo de planta foi introduzido no melhoramento do arroz por Jennings em 1964, tendo o termo ideótipo sido cunhado por Donald em 1968. Ele sugeriu que, no arroz, um tipo de planta ideal ou modelo consiste em estatura semi-anã, alta capacidade de perfilhamento, folhas curtas, eretas, grossas e altamente anguladas, mais panículas /m2 e alto (55% ou mais) índice de colheita. Atualmente, também se dá ênfase às características fisiológicas no desenvolvimento do ideótipo de arroz.

Um caule curto e forte: Confere resistência ao acamamento e reduz as perdas devidas ao acamamento.

Folhas erectas: Estas folhas permitem uma melhor distribuição da luz, resultando numa elevada fotossíntese ou fixação de CO_2.

Poucas folhas pequenas: As folhas são os sítios importantes da fotossíntese, respiração e transpiração. Poucas e pequenas folhas reduzem a perda de água devido à transpiração.

Espiga maior: Produzirá mais grãos por espiga.

Uma espiga erecta: A espiga recebe luz de todos os lados, o que permite o desenvolvimento correto do grão.

TIPO DE PLANTA DE TRIGO MODERNA:

Os melhoradores do CIMMYT estão a utilizar um maior conhecimento das bases fisiológicas do rendimento para definir uma gama de ideótipos ideais de plantas de trigo.

Plantas com espigas grandes, que contêm muitos grãos por espigueta

A otimização das relações fonte-dreno está também a ser examinada com vista a obter um melhor equilíbrio dos caracteres de enchimento dos grãos

O trigo hexaplóide e outros conjuntos de genes estão a ser procurados exemplos de expressão extrema destes caracteres

Milho:

Em 1975, Mock e Pearce propuseram um tipo de planta ideal para o milho.

Folhas rígidas e orientadas verticalmente acima da orelha.

Eficiência fotossintética máxima.

Translocação eficiente do fotossintato para o grão.

Curto intervalo entre o lançamento do pólen e a emergência da seda.

Tamanho pequeno da borla.

Insensibilidade ao fotoperíodo

Tolerância ao frio

Período de enchimento de grãos longos

FACTORES QUE AFECTAM OS IDEÓTIPOS

Existem vários factores que afectam o desenvolvimento do tipo de planta ideal. Estes são brevemente discutidos a seguir:

Espécies de culturas:

O ideótipo difere de cultura para cultura. O ideótipo das monocotiledóneas difere significativamente do das dicotiledóneas. Nas monocotiledóneas, o perfilhamento é mais importante, enquanto nas dicotiledóneas a ramificação é uma das características importantes do ideótipo.

Cultivo:

O ideótipo também difere no que respeita à cultura. As características das culturas de regadio diferem das das culturas de sequeiro. As culturas de sequeiro necessitam de resistência à seca, menos folhas e mais pequenas para reduzir a perda de água por transpiração. Nas dicotiledóneas, os tipos indeterminados são necessários para as condições de sequeiro, porque o tipo indeterminado pode produzir outro fluxo de flores se o primeiro fluxo for afetado por condições de seca.

Condição socioeconómica dos agricultores:

A condição sócio-económica dos agricultores também determina o ideótipo da cultura. Por exemplo, *o sorgo* anão é ideal para a colheita mecânica nos EUA, mas não é adequado para os agricultores de África, onde os caules são utilizados como combustível ou para a construção de cabanas.

Utilização económica:

O ideótipo também difere de acordo com a utilização económica da cultura, por exemplo, os tipos anões são úteis no *sorgo* e no milho-miúdo quando a cultura é cultivada para fins cerealíferos. Mas quando estas culturas são cultivadas para fins forrageiros, é desejável uma estatura alta. Além disso, os tipos menos folhosos são desejáveis para fins de produção de grão e os genótipos mais folhosos para fins de forragem. As folhas maiores são também desejáveis no caso da cultura forrageira.

ETAPAS DA SELECÇÃO DE IDEÓTIPOS:

O melhoramento do ideótipo consiste em quatro etapas importantes

Desenvolvimento de um modelo concetual:

Os valores de vários traços morfológicos e fisiológicos são especificados para desenvolver um modelo teórico concetual. Por exemplo, são especificados os valores da altura da planta, da duração da maturação, do tamanho da folha, do número de folhas, do ângulo da folha, da taxa fotossintética, etc. De seguida, são feitos esforços para alcançar este modelo.

Seleção do material de base:

A seleção do material de base é uma etapa importante após o desenvolvimento do modelo concetual do ideótipo. Os genótipos a utilizar na conceção de um tipo de planta modelo devem ter uma base genética alargada e uma adaptabilidade mais ampla. Os genótipos relativos à estatura da planta, à duração da maturação, ao tamanho e ângulo das folhas e à resistência são seleccionados a partir do património genético global das espécies de culturas em causa. Os genótipos resistentes ou tolerantes à seca, à salinidade do solo, à alcalinidade, às doenças e aos insectos são seleccionados a partir do pool genético com a cooperação de fisiologistas, cientistas do solo, patologistas e entomologistas.

Incorporação de características desejáveis:

O próximo passo importante é a combinação de várias características morfológicas e fisiológicas de diferentes genótipos seleccionados num único genótipo. Vários processos de melhoramento, *nomeadamente cruzamento* simples, cruzamento triplo, cruzamento múltiplo, retrocruzamento, cruzamento composto, cruzamento entre culturas, melhoramento por mutação, melhoramento por heterose, etc., são utilizados para o desenvolvimento de tipos de plantas ideais na maioria das culturas arvenses.

Seleção do tipo de planta ideal:

As plantas que combinam as características morfológicas e fisiológicas desejáveis são seleccionadas em populações segregantes e intercaladas para obter o tipo de planta desejado. As características morfológicas são avaliadas através de observações visuais e os parâmetros fisiológicos são registados com a ajuda de instrumentos sofisticados. O rastreio da resistência à seca, à salinidade do solo, à alcalinidade, às doenças e aos insectos é feito em condições controladas.

REALIZAÇÕES PRÁTICAS:

O melhoramento de ideótipos contribuiu significativamente para o aumento dos rendimentos dos cereais (trigo e arroz) e do milheto *(sorgo* e milheto) através da utilização de genes de nanismo, o que resultou na revolução verde. As variedades semi-anãs de trigo e arroz são muito sensíveis à utilização da água e à aplicação de azoto e têm uma ampla adaptação. O Norin 10 no trigo e o Dee-geo-Woo-gen no arroz são as fontes dos genes de nanismo. Os sistemas genéticos de esterilidade masculina citoplasmática no *sorgo* e no milheto lançaram as bases da revolução verde na Ásia (Swaminathan, 1972). Assim, o melhoramento de ideótipos tem sido mais bem sucedido para o aumento da produtividade em cereais e painço do que noutras culturas.

Leituras sugeridas:

Allard, R.W. 1960. *Principles of Plant Breeding.* John W iley and Sons, Nova Iorque.
Chopra, V.L. e Paroda, R.S. 1986. *Approaches for Incorporating Drought Salinity Resistance in Crop Plants.* Oxford e IBH, Publishing Co., Nova Deli.

Kalloo, G. 1994. *Vegetable Breeding.* Panima Educational Book Agency, New Delh i.
Kumar, N. 2006. *Breeding of Horticultural Crops - Principles and Practices [Reprodução de culturas hortícolas - princípios e práticas].* New India Publishing Agency, Nova Deli.

Phundan Singh, 1996. *Essentials of Plant Breeding* . Kalyani Publishers, Nova Deli.
Poehlman, J.M. e Borthakur, D. 1995. *Breeding Asian Field Crops.* Oxford e IBH Publishing Co., Nova Deli.

Sharma, J.R. 1994. *Principles and Practice of Plant Breeding.* Tata McGraw Hill, Publishing Company Ltd., Nova Deli.

Singh, B.D. 1983. *Plant Breeding: Principles and Methods.* Kalyani Publishers, Nova Deli.

MIX
Papier aus verantwortungsvollen Quellen
Paper from responsible sources
FSC® C105338

Printed by Books on Demand GmbH, Norderstedt / Germany